U0295182

高职高专"十二五"规划医药类专业实验实训教材

基础化学实验

主　编　洪　芸
副主编　何笑薇
主　审　杨凤琼

上海交通大学出版社

内 容 提 要

本教材主要包括基础化学实验室基本知识、分析化学实验、有机化学实验三部分,把无机化学、分析化学(包括仪器分析)及有机化学的相关内容整合,更有利于综合培养学生的化学实验能力。本书适合于化学、化工、药学等专业的学生使用。

图书在版编目(CIP)数据

基础化学实验/洪芸主编. —上海:上海交通大学出版社,2010(2018 重印)
ISBN 978 - 7 - 313 - 06210 - 9

Ⅰ.①基…　Ⅱ.①洪…　Ⅲ.①化学实验-高等学校-教材　Ⅳ.①O6 - 3

中国版本图书馆 CIP 数据核字(2010)第 175331 号

基础化学实验

洪　芸　主编

上海交通大学 出版社出版发行
(上海市番禺路 951 号　邮政编码 200030)
电话:64071208　出版人:谈毅
虎彩印艺股份有限公司　印刷　全国新华书店经销
开本:787 mm×1092 mm　1/16　印张:10.75　字数:251 千字
2010 年 9 月第 1 版　2018 年 8 月第 6 次印刷
ISBN 978 - 7 - 313 - 06210 - 9/O　定价:39.00 元

高职高专"十二五"规划医药类专业实验实训教材

编写委员会

前　言　Preface

　　基础化学是药学专业的一门专业基础课程,它由无机化学、分析化学及有机化学组成。基础化学又是一门实验科学,化学实验在高校药学专业的教学中占有极大的比重和特殊地位。它一方面是为了让学生更好理解和巩固理论教学的内容;更重要的是为了培养学生的各种能力(包括观察和获取知识的能力,使用现代仪器设备及信息工具与手段的能力,科学研究与创新的能力,独立处理突发事件的能力等),以及培养敬业、求实、精心、一丝不苟等科学精神。实验是培养和造就高素质化学人才不可或缺的极其重要的环节。

　　但是,多年来基础化学实验课程明显存在一个问题:脱离实际。由于教材内容同本实验室仪器、试剂及其他因素存在差异,给学生预习带来很多困难,教学效果较差。为了让学生更好地掌握知识及技能,提高教学质量,在深化课程体系与教学内容的改革中,我们编写了这本《基础化学实验》教材。这本教材主要内容包括"基础化学实验室基本知识"、"分析化学实验"、"有机化学实验"三部分,把无机化学、分析化学(包括仪器分析)及有机化学的相关内容整合,以便更好地达到教学目标。

　　由于编者目前对教学方面的研究深度和认识水平有限,本教材中有不妥之处期望同仁和读者不吝指教。

编　者
2010 年 7 月

总　序　Foreword

新中国成立60年来，我国各级各类教育事业都不断地在改革中发展、在曲折中奋进。应当看到：作为我国高等教育的一种新类型，高等职业教育正迸发着前所未有的改革热情和发展冲动，成为最近十年教育改革创新的排头兵。这是共和国高等教育发展的一个辉煌成就；确立了高等职业教育的地位，密切了教育与经济发展尤其是生产劳动的结合，建成了高素质高级技能型人才培养的有效通道，实现了高等教育大众化的健康发展。

为顺应教育部教学改革潮流，适应目前高职医药类院校的教育现状，提高教学质量，培养具有创新精神和创新能力的医药类人才。各医药院校的医药类专业在教育实践中不断总结提高，根据各自学科发展和专业建设的需要，各院校从外延的扩张转向内涵的拓展，这对教材建设提出了新的要求。在充分调研的基础上，本系列教材编写委员会在上海交通大学出版社的协助之下，组织了一批有丰富教学经验、实践经验，并有现代教育理念、熟悉科技发展进程和方向的中青年骨干教师编写了引领医药类相关专业教育发展趋势的实验实训教材，以推动我国教育事业的发展。实验实训教学在高职教育中，是培养高素质、创新型和实用型人才的有效途径。

本系列教材根据教育部有关高职高专教材建设要求，以高职高专医药类专业学生培养目标为依据进行编写的。第一期教材以药学类专业实验实训教材为主，即将出版八部教材，它们是：《实用天然药物化学实训》、《实用药物制剂技术实训教程》、《高职药理实验实训教程》、《药用植物实务》野外采药指导手册(岭南篇)、《实用高职化学实验》、《实用生物化学实训》、《人体解剖生理学实训》、《药物检验技术实训》。本期教材突出高职高专的教育特色，主要作为高职高专药学、中药、药物制剂技术、中药制药技术、生物制药技术、医药经营管理、医药市场营销等专业的教材，同时也可以供各类专业人员特别是医药卫生工作者业务指导教材。

虽然我们主观上力求创新，力争上一个新台阶，但由于我们队伍还较年轻，合作时间也不是太长，学术水平还有待继续提高，书中难免会有一些不足之处，敬请同行专家不吝指正，以利于以后更好的改进和完善。医药类实验实训系列教材的编写必须与时代接轨，与社会主义市场经济和公共事业的发展相适应，需要我们不懈的共同努力。

　　本系列教材得到了医药行业、企业专家的大力支持，他们不仅对教材提出一些指导性意见，而且还参与了教材的编写。在此，向为本系列教材的出版付出辛勤汗水的全体编者、编辑及给予指导和帮助的专家学者表示衷心的感谢！

编写委员会

2010 年 8 月 28 日

目　录　Contents

附　录

第一章

绪　论

　　基础化学实验(包括分析化学实验和有机化学实验)是基础化学课程的重要组成部分,是药学专业学生的必修课程。通过实验教学,可以加深对基础化学中基础理论知识的理解,训练学生准确、熟练地掌握基础化学实验的基本操作技能,建立"量"的准确概念,提高分析问题和解决问题的能力,培养理论联系实际、实事求是的科学态度和良好的工作作风,为今后的学习和工作奠定坚实的基础。

　　为了保证实验的顺利进行和获得准确的分析结果,必须了解和掌握有关基础化学的实验基础知识。

第一节　实验室工作要求和安全知识

一、实验室工作要求

　　实验室工作者应该具有严肃认真的工作态度,科学严谨、精密细致、实事求是的工作作风,整齐、清洁的良好实验习惯。为此应做到以下几个方面。

　　1. 实验前要做好充分的准备

　　一次成功的实验,开始于实验前的充分准备。实验前的准备工作包括:认真预习实验教材,明确实验目的、任务,领会实验原理,了解实验操作步骤和注意事项,做到心中有数,才能使实验有条不紊地进行。

　　2. 养成良好的实验习惯及严谨细致的科学作风

　　实验的失败和工作效率的高低,与实验者的科学习惯与操作技术水平紧密相关。因此,在实验中应做到:

　　(1) 清洁整齐、有条不紊。所用的仪器、药品放置要合理、有序,实验台面要清洁、整齐。实验告一段落后要及时整理。实验完毕后所用的仪器、药品、用具等都要放回原处。

　　(2) 准确操作、细致观察、深入思考。实验中一定要遵守操作规程,认真细致地观察实验现象,遇到问题要深入思考,及时找原因并采取有效措施解决问题。

　　(3) 尊重客观事实、认真做好实验记录。实验记录应记在专用的记录本上,记录要如实反映实验中的客观事实,数据记录应注意及时、真实、齐全、清楚、整洁和规范化。应该用钢笔或圆珠笔记录。如有记错，应在错的数据上画一条斜线，并将准确的数据写在旁边，不得涂改、刀刮或补贴。

（4）注意卫生。实验前后都应洗手，保持清洁。否则可能污染仪器、试剂和样品，从而引入实验误差。也可能将有毒物质带出，甚至误入口中而引起中毒。

3. 做好实验结束工作

实验结束后应清洗仪器、整理药品，将仪器、药品放回指定的位置。实验台要擦拭干净，清扫实验室。认真检查水、电、煤气开关，关好门窗。及时认真地完成实验报告。

二、实验室安全知识

在基础化学实验中，经常接触腐蚀性、易燃、有毒的化学试剂，使用水、电、煤气和各种仪器等，如不遵守操作规程或粗心大意，就可能造成中毒、着火、烫伤及仪器设备的损坏等各种事故，给人民的生命安全和国家财产造成损失。因此，必须高度重视实验室的安全工作，严格遵守操作规程。为保证实验人员人身安全和实验工作的正常进行，必须遵守以下实验室安全守则：

（1）实验室内严禁饮食、吸烟，严禁化学药品入口；严禁用实验器皿做餐具使用。实验完后必须认真洗手。

（2）一切试剂、样品均应有标签，绝不能用容器盛装与标签不相符的物质。

（3）浓酸、浓碱具有强烈的腐蚀性，使用时切勿溅在皮肤和衣服上。

（4）开启易挥发的试剂（如浓盐酸、浓硝酸、氨水等）时，应在通风的地方进行，开启时瓶口不要对准人。

（5）配制的药品有毒或反应能产生有毒或腐蚀性气体的药品（如 HCN、CO 等）时，均应在通风橱内进行。实验残余的毒物应采用适当的方法加以处理，切勿随意丢弃或倒入水槽。

（6）使用易燃的有机溶剂（如乙醇、乙醚、苯、丙酮等）时，一定要远离火源，使用完毕后及时将试剂瓶塞严。不能用明火加热易燃溶剂，而应采用水浴或沙浴加热。

（7）试剂瓶的磨口塞粘固打不开时，可将瓶塞在实验台边缘轻轻磕碰，使其松动；或用电吹风稍许加热瓶颈部分使其膨胀；或在粘固的缝隙间加入几滴渗透力强的液体（如乙酸乙酯、煤油、水等）；也可将瓶口放入热水中浸泡。严禁用重物敲击，以防瓶子破裂。

（8）将玻璃棒、玻璃管、温度计插入或拔出胶塞或胶管时，应垫有垫布，且不可强行插入或拔出。切割玻璃棒或玻璃管，装配或拆卸玻璃仪器装置时，要防止造成刺伤。

（9）使用电子天平、分光光度计、酸度计等精密仪器时，应严格遵守操作规程。仪器使用完毕要切断电源，并将各旋钮恢复到原来位置。罩上外罩。

（10）使用电器设备时，要注意防止触电，不可用湿手或湿物接触电闸和电器开关。凡是漏电的仪器设备都不要使用，以免触电。使用完毕后应及时切断电源。

（11）实验结束离开实验室时，应认真检查水、电、煤气、门、窗是否已关好。

三、实验室常见紧急情况的处理

（1）酸灼烧伤时，立即用大量清水冲洗，然后再用2％碳酸氢钠（或氨、肥皂水）溶液冲洗；碱灼烧伤时，先用清水冲洗，再用2％的硼酸溶液冲洗。最后均用清水冲洗，严重者送医院治疗。

（2）如遇烫伤但未破皮时，可采用大量的自来水冲洗烫伤处，或用饱和的碳酸氢钠溶液涂擦。

（3）如因酒精、苯、乙醚等易燃物引起着火，应立即用沙土或湿布等扑灭，如火势较大，可用灭火器扑灭。如火源危及通电线路，应首先切断电源再灭火。

（4）如遇触电，应首先切断电源，再将伤员送往医院抢救。

第二节　实验数据的记录和实验报告

在基础化学实验中，为了得到准确的测量结果，不仅要准确地测量各种数据，而且还要正确地记录和计算。实验结果不仅表示试样中待测组分的含量多少，而且还反映测定结果的准确程度。因此，及时地记录实验数据和实验现象，正确认真地写出实验报告，是基础化学实验中很重要的一项任务，也是分析工作者应具备的基本能力。为此，应注意以下问题。

一、实验预习

为了做好实验、避免事故，在实验前必须对所要做的实验有尽可能全面和深入的认识。这些认识包括实验的目的要求，实验原理（化学反应原理和操作原理），实验所用试剂及产物的物理、化学性质及规格用量，实验所用的仪器装置，实验的操作程序和操作要领，实验中可能出现的现象和可能发生的事故等。为此，需要认真阅读实验的有关章节（含理论部分、操作部分），查阅适当的手册，做出预习笔记。

预习报告也就是实验提纲，它包括实验名称、实验目的、实验原理、主要试剂和产物的物理常数、试剂规格用量、装置示意图、操作步骤及数据记录表格的绘制。在操作步骤的每一步后面都需留出适当的空白，以供实验时作记录之用。

二、实验记录

实验数据的记录应注意以下几点：

（1）使用专门的实验记录本。严禁将数据记录在小纸片上或随意记录在其他地方。

（2）实验数据地记录必须做到及时、准确、清楚。坚持实事求是的科学态度。严禁随意拼凑和伪造数据。

（3）实验记录上的每一个数据都是测量的结果，应检查记录的数据与测定结果是否完全不同。

（4）记录数据时，一切数据的准确度都应做到与分析的准确度相适应（即注意有效数字的位数）。

（5）记录内容力求简明，如能用列表法记录的则尽可能采用列表法记录。

（6）当数据记录有误时，应将数据用一斜线划去，并在其上方写上正确的数字。

在实验过程中应认真操作，仔细观察，勤于思索，同时应将观察到的实验现象及测得的各种数据及时真实地记录下来。由于是边实验边记录，可能时间仓促，故记录应简明准确，也可用各种符号代替文字叙述。例如用"△"表示加热,"↓"表示沉淀生成,"↑"表示气体放出,"sec."表示"秒","T↑60℃"表示温度上升到60℃,"+NaOH sol"表示加入氢氧化钠溶液等。

三、实验报告

实验完毕后,对实验数据及时进行整理、计算和分析,认真写出实验报告(使用专门的实验报告纸)。内容包括:

(1) 实验名称和实验日期。

(2) 实验目的。

(3) 实验方法提要。用文字或化学反应式简要说明。

(4) 实验步骤。简要描述实验过程(用文字或箭头流程图表示)。

(5) 实验数据记录与计算。

(6) 问题与讨论。对实验中出现的现象与问题,应加以分析和讨论,总结经验教训,以提高分析问题和解决问题的能力。

填写实验报告的要求是:

(1) 条理清楚,详略得当,陈述清楚,又不繁琐。

(2) 语言准确。除讨论栏外尽可能不使用"如果","可能"等模棱两可的字词。

(3) 数据完整。重要的操作步骤、现象和实验数据不能漏掉。

(4) 实验装置图应避免概念性错误。

(5) 讨论栏可写实验体会、成功经验、失败教训、改进的设想等。

(6) 真实。无论装置图或操作规程,如果自己使用的或做的与书上不同,按实际操作的程序记载,不要照搬书上的,更不可伪造实验现象和数据。

第二章

分析化学实验

分析化学按测定原理及操作方法的不同分为化学分析和仪器分析两部分。

化学分析法是依赖特定的化学反应及其计量关系来对物质进行分析的方法。化学分析法历史悠久，是分析化学的基础，又称为经典分析法，主要包括重量分析法和滴定分析法，以及试样的处理和一些分离、富集、掩蔽等化学手段。在当今生产生活的许多领域，化学分析法作为常规的分析方法，发挥着重要作用。其中滴定分析法操作简便快速，具有很大的使用价值。

仪器分析是指采用比较复杂或特殊的仪器设备，通过测量物质某些物理或物理化学性质的参数及其变化来获取物质的化学组成、成分含量及化学结构等信息的一类方法。仪器分析大致可以分为：电化学分析法、核磁共振波谱法、原子发射光谱法、气相色谱法、原子吸收光谱法、高效液相色谱法、紫外-可见光谱法、质谱分析法、红外光谱法、其他仪器分析法等。

仪器分析的分析对象一般是半微量（$0.01 \sim 0.1$ g）、微量（$0.1 \sim 10$ mg）、超微量（<0.1 mg）组分的分析，灵敏度高。而化学分析一般是半微量（$0.01 \sim 0.1$ g）、常量（>0.1 g）组分的分析，准确度高。

第一节 分析化学实验基本知识

一、化学试剂

在进行一个化学的或生物学、医学的实验时，我们要使用有一定纯度的化学物质，否则便得不到有意义的结论。例如，为了确定某种元素是不是动物必需的元素，做了以下的一个实验。用体重、年龄相同的同种小鼠分两组做饲养实验。一组的饲料中完全切断该元素的来源，另一组的饲料中加入一定量该元素。观察两组生长差异。所用的饲料都是确实不含该元素的氨基酸、糖等化学试剂配制的。第一组要保证没有这个元素；第二组则要加入这个元素，而不会带进其他杂质。否则从实验结果得不出有意义的结论。

科研中用以检验物质的组成、性质及纯度所用的试剂以及制备高纯度产品所需的原料等都需要高纯度的试剂。但是并不是做任何工作所用的化学药品都是愈纯愈好。例如，我们在实验室里配制的铬酸洗液,所用的浓硫酸和重铬酸钾就不需要是高纯的。当我们用工厂的废铁渣制备硫酸亚铁和硫酸亚铁铵时,则所用的硫酸和硫酸铵也不必是高纯的。和测量时选用仪器和方法要有足够的精度而且几种方法精度要匹配一样,使用试剂时要有足够的纯度,而且几种试剂的纯度要匹配。

（一）化学试剂的纯度和级别

纯度是检验化学试剂质量的唯一标准。纯度与仪器及实验方法的精度决定实验结果的可靠性,没有纯度也就没有精度。但是没有绝对的纯净,纯度只能是相对的。所以重要的不是纯不纯,而是对某一目的是否有足够的纯度。

纯度的判据主要包括以下几个方面:

(1) 物理性质。如熔距、沸距、密度、折光指数、溶解度、比电导等。

(2) 元素分析或主成分含量。

(3) 杂质含量。

我国化学试剂级别有以下几种,并分别规定了纯度要求及杂质最高限量:

(1) 一级品。即优级纯,又称保证试剂(符号 G. R.),我国产品用绿色标签作为标志,这种试剂纯度很高,适用于精密分析,亦可作基准物质用。

(2) 二级品。即分析纯,又称分析试剂(符号 A. R.),我国产品用红色标签作为标志,纯度较一级品略差,适用于多数分析,如配制滴定液,用于鉴别及杂质检查等。

(3) 三级品。即化学纯,(符号 C. P.),我国产品用蓝色标签作为标志,纯度较二级品相差较多,适用于工矿日常生产分析。

(4) 四级品。即实验试剂(符号 L. R.),杂质含量较高,纯度较低,在分析工作常用辅助试剂(如发生或吸收气体,配制洗液等)。

(5) 基准试剂。它的纯度相当于或高于保证试剂,通常专用作容量分析的基准物质。称取一定量基准试剂稀释至一定体积,一般可直接得到滴定液,不需标定,基准品如标有实际含量,计算时应加以校正。

以上是化学试剂一般级别,除此之外,还有针对某方面特殊需要的"高纯试剂",它又细分为超纯、特纯、高纯、光谱纯等试剂。以上各种高纯试剂及其主要成分含量都达"四个9"(99.99%)到"五、六个9"不等。

对于一般化学试剂,按我国化工部标准的规定,对不同等级的化学试剂在瓶签上用不同颜色标志予以区别。如表2-1所示。

表2-1　我国化学试剂等级及标志

级　别	一级试剂	二级试剂	三级试剂	四级试剂
纯度分类	优级纯	分析纯	化学纯	实验室试剂
瓶鉴颜色	绿色	红色	蓝色	黄色或棕色

化学试剂中,指示剂纯度往往不太明确。除少数标明"分析纯"、"试剂四级"外,经常遇到只写明"化学试剂"、"企业标准"或"生物染色素"等。常用的有机溶剂、掩蔽剂等,也经常见到级别不明的情况,平常只可作为"化学纯"试剂使用,必要时需进行提纯。例如,三乙醇胺中铁含量较大,而又常用来掩蔽铁,因此使用该试剂时,必须注意。

生物化学中使用的特殊试剂,纯度表示和化学中一般试剂表示也不相同。例如,蛋白质类试剂,经常以含量表示,或以某种方法(如电泳法等)测定杂质含量来表示。再如,酶是以每单位时间能酶解多少物质来表示其纯度,就是说,它是以其活力来表示的。

此外,还有一些特殊用途的所谓高纯试剂。例如,"色谱纯"试剂,是在最高灵敏度下以下 1～10 g 无杂质峰来表示的;"光谱纯"试剂,它是以光谱分析时出现的干扰谱线的数目强度大小来衡量的,往往含有该试剂的各种氧化物,它不能认为是化学分析的基准试剂,这点须特别注意;"放射化学纯"试剂,它是以放射性测定时出现干扰的核辐射强度来衡量的;"MOS"级试剂,它是"金属-氧化物-半导体"试剂的简称,是电子工业专用的化学试剂,等等。

(二) 化学试剂的合理使用

1. 选用原则

在满足实验要求的前提下,要注意节约的原则,就低不就高。

化学分析一般可用分析纯级试剂。仪器分析一般可用优级纯、分析纯或专用试剂。

如实验对主体含量要求高,宜选用分析纯试剂;若对杂质含量要求高,则要选用优级纯或专用试剂。

2. 试剂的取用规则

看清签,反放塞,不多取,回原位,保清洁。

(1) 固体试剂取用方法:药匙取,镊子取,纸条取。

(2) 液体试剂取用方法:滴加法,倾注法,定量法,估量法。

3. 包装及保存

化学试剂的包装单位是指每个包装容器内盛装的化学试剂的净重(固体)或体积(液体)。包装单位的大小根据化学试剂的性质、用途和经济价值而定。

化学试剂一般应存放干燥、避光的柜子内,对于易燃易爆试剂应专门存放于阴凉的地方或易燃品库内,剧毒试剂应单放,专人保管。

(三) 标准物质和标准溶液的配制

1. 标准物质

定义:已确定其一种或几种特性,用于校准测量器具、评价测量方法或确定材料特性量值的物质。

特性:材质均匀、性质稳定、批量生产、准确定值等特性,并具有标准物质证书。此外,某些标准物质的试样还应系列化,以消除待测试样与标准试样两者间因主体成分性质的差异给测定结果带来的系统误差。

1) 标准物质的分级。

(1) 一级标准物质:采用绝对测量法定值,定值的准确度要具有国内最高水平。它主要用于研究和评价标准方法、二级标准物质的定值和高精确度测量仪器的校准。

(2) 二级标准物质:采用准确可靠的方法或直接与一级标准物质比较的方法定值,定值的准确度一般要高于现场测量准确度的 3～10 倍。其主要用于研究和评价现场分析方法及现场标准溶液的定值,是现场实验室的质量保证,二级标准物质有称为工作标准物质,通常分析实验室所用的标准物质都是二级标准物质。

2）化学试剂中的标准物质。

（1）滴定分析基准试剂。①第一基准试剂（一级标准物质）：主体含量为 99.98％～100.02％，其值采用准确度最高的精确库仑滴定法测定。②工作基准试剂（二级标准物质）：主体含量为 99.95％～100.05％，以第一基准试剂为标准，用称量滴定法（重量滴定法）定值。

（2）pH 基准试剂。①一级 pH 基准试剂（一级标准物质）。②pH 基准试剂（二级标准物质）。

2. 标准溶液

定义：已确定其主体物质浓度或其他特性量值的溶液。

分析化学中常用的标准溶液主要有：滴定分析用标准溶液、仪器分析用标准溶液和测量溶液 pH 用标准缓冲溶液。

1）滴定分析用标准溶液。

用于测定试样中的常量组分，其浓度值保留四位有效数字，其不确定度为±0.2％左右。配制方法有：

（1）直接法。用分析天平准确称量一定质量的工作基准试剂（二级标准物质）或相当纯度的其他标准物质（如纯金属）于小烧杯中，用适量水或其他试剂溶解后，定量转移至容量瓶中，用水稀释至刻度，摇匀。

（2）间接法（标定法）。先用分析纯试剂配成接近所需浓度的溶液（用台秤和量筒），然后利用该物质与适当的工作基准试剂或其他标准物质或另一种已知准确浓度的标准溶液的反应来确定其准确浓度。

备注：

Ⅰ. 基准物质：能用直接法配制滴定分析用标准溶液的化学试剂。我国习惯上将滴定分析用的工作基准试剂和某些纯金属这两类标准物质称为基准物质。

Ⅱ. 基准物质的条件：①组成确定，且与化学式相符；②纯度高（含量＞99.9％）；③在空气中性质稳定；④具有较大的摩尔质量。

2）仪器分析中的标准溶液

仪器分析的种类很多，标准溶液也各有特点，除标准物质外，可能会用到专用试剂、高纯试剂、纯金属以及其他标准试剂、优级纯或分析纯试剂。同种仪器分析对象不同时，所用的试剂级别也可能不同。一般仪器分析的标准溶液具以下特点：

（1）对水的质量要求较高，一般需 2～3 级之间。

（2）仪器分析的标准溶液的浓度一般都比较低。常以 $\rho(B)=\mu g \cdot mL^{-1}$ 或 $mg \cdot mL^{-1}$ 等单位表示。

（3）仪器分析标准溶液的种类繁多，要求各异，在配制和使用时应按照有关资料要求，不能随意加以代替。

3）pH 测量用标准溶液

在测定溶液的 pH 时，需用标准的 pH 缓冲溶液进行对照，即采用两次测量法。测量时选用的标准缓冲溶液与样品溶液的 pH 应尽量接近（ΔpH＜3）。

二、常用仪器的介绍

（一）化学分析法常用玻璃仪器

（1）烧杯：配制溶液、溶解样品等。加热时应置于石棉网上，使其受热均匀，一般不可烧干。

（2）锥形瓶：加热处理试样和容量分析滴定。除有与烧杯有相同的要求外，磨口锥形瓶加热时要打开塞，非标准磨口要保持原配塞。

（3）碘瓶：碘量法或其他生成挥发性物质的定量分析。

（4）圆（平）底烧瓶：加热及蒸馏液体，一般避免直火加热，隔石棉网或各种加热浴加热。

（5）圆底蒸馏烧瓶：蒸馏，也可作少量气体发生反应器。

（6）凯氏烧瓶：消解有机物质。置石棉网上加热，瓶口方向勿对向自己及他人。

（7）洗瓶：装纯化水洗涤仪器或装洗涤液洗涤沉淀。

（8）量筒、量杯：粗略地量取一定体积的液体用。不能加热，不能在其中配制溶液，不能在烘箱中烘烤，操作时要沿壁加入或倒出溶液。

（9）量瓶：配制准确体积的标准溶液或被测溶液。非标准的磨口塞要保持原配；漏水的不能用；不能在烘箱内烘烤，不能用直火加热，可水浴加热。

（10）滴定管（25 mL、50 mL、100 mL）：容量分析滴定操作。分酸式、碱式 。活塞要原配，漏水的不能使用，不能加热，不能长期存放碱液，碱式管不能盛放与橡皮作用的滴定液。

（11）微量滴定管：主要规格有 1 mL、2 mL、3 mL、4 mL、5 mL、10 mL，进行微量或半微量分析滴定操作，只有活塞式。

（12）自动滴定管：自动滴定；可用于滴定液需隔绝空气的操作。除有与一般的滴定管相同的要求外，注意成套保管，另外，要配打气用双连球。

（13）移液管：准确地移取一定的液体。不能加热，上端和尖端不可磕破。

（14）刻度吸管：准确地移取各种不同量的液体。

（15）称量瓶：矮形用作测定干燥失重或在烘箱中烘干基准物；高形用于称量基准物、样品。不可盖紧磨口塞烘烤，磨口塞要原配。

（16）试剂瓶：细口瓶、广口瓶、下口瓶。细口瓶用于存放液体试剂；广口瓶用于装固体试剂；棕色瓶用于存放见光易分解的试剂不能加热；不能在瓶内配制在操作过程放出大量热量的溶液；磨口塞要保持原配；放碱液的瓶子应使用橡皮塞，以免日久打不开。

（17）滴瓶：装需滴加的试剂。

（18）漏斗：长颈漏斗用于定量分析，过滤沉淀；短颈漏斗用作一般过滤。

（19）分液漏斗：滴液。规格有球形、梨形和筒形。用于分开两种互不相溶的液体，萃取分离和富集（多用梨形），制备反应中加液体（多用球形及滴液漏斗）。磨口旋塞必须原配，漏水的漏斗不能使用。

（20）试管：普通试管、离心试管。定性分析检验离子；离心试管可在离心机中借离心作用分离溶液和沉淀。硬质玻璃制的试管可直接在火焰上加热，但不能聚冷；离心管只能水浴加热。

（21）（纳氏）比色管：比色、比浊分析。不可直火加热；非标准磨口塞必须原配；注意保持管壁透明，不可用去污粉刷洗。

（22）冷凝管：直形、球形、蛇形、空气冷凝管。用于冷却蒸馏出的液体，蛇形管适用于冷凝低沸点液体蒸汽，空气冷凝管用于冷凝沸点 150 ℃以上的液体蒸汽。不可骤冷骤热；注意从下口进冷却水，上口出水。

（23）抽滤瓶：抽滤时接受滤液。属于厚壁容器，能耐负压；不可加热。

（24）表面皿：盖烧杯及漏斗等。不可直接用火加热，直径要略大于所盖容器。

（25）研钵：研磨固体试剂及试样等用。不能研磨与玻璃作用的物质，不能撞击，不能烘烤。

（26）干燥器：保持烘干或灼烧过的物质的干燥，也可干燥少量制备的产品。底部放变色硅胶或其他干燥剂，盖磨口处涂适量凡士林。

（27）凡士林：不可将红热的物体放入，放入热的物体后要时时开盖以免盖子跳起或冷却后打不开盖子。

（28）垂熔玻璃漏斗：过滤。必须抽滤；不能骤冷骤热；不能过滤氢氟酸、碱等；用毕立即洗净。

（29）垂熔玻璃坩埚：重量分析中烘干需称量的沉淀。

（30）标准磨口组合仪器：有机化学及有机半微量分析中制备及分离。磨口处勿需涂润滑剂，安装时不可受歪斜压力，要按所需装置配齐购置。

（二）玻璃仪器的洗涤、干燥及保管

1. 玻璃仪器的洗涤方法

1）洁净剂及其使用范围。

最常用的洁净剂有肥皂、合成洗涤剂（如洗衣粉）、洗液（清洁液）、有机溶剂等。肥皂、合成洗涤剂等一般用于可以用毛刷直接刷洗的仪器，如烧瓶、烧杯、试剂瓶等非计量及非光学要求的玻璃仪器。肥皂、合成洗涤剂也可用于滴定管、移液管、量瓶等计量玻璃仪器的洗涤，但不能用毛刷刷洗。洗液多用于不能用毛刷刷洗的玻璃仪器，如滴定管、移液管、量瓶、比色管、玻璃垂熔漏斗、凯氏烧瓶等特殊要求与形状的玻璃仪器；也用于洗涤长久不用的玻璃仪器和毛刷刷不下的污垢。

2）洗液的配制及说明。

铬酸清洁液的配制：	处方1	处方2
重铬酸钾（钠）	10 g	200 g
纯化水	10 mL	100 mL（或适量）
浓硫酸	100 mL	1 500 mL

制法：称取处方量之重铬酸钾，于干燥研钵中研细，将此细粉加入盛有适量水的玻璃容器内，加热，搅拌使溶解，待冷后，将此玻璃容器放在冷水浴中，缓慢将浓硫酸断续加入，不断搅拌，勿使温度过高，容器内容物颜色逐渐变深，并注意冷却，直至加完混匀，即得。

3）洗涤玻璃仪器的方法与要求。

（1）一般的玻璃仪器（如烧瓶、烧杯等）。先用自来水冲洗一下，然后用肥皂、洗衣粉用毛刷刷洗，再用自来水清洗，最后用纯化水冲洗3次（应顺壁冲洗并充分震荡，以提高冲洗效果）。

（2）计量玻璃仪器（如滴定管、移液管、量瓶等）。也可用肥皂、洗衣粉的洗涤，但不能用毛刷刷洗。

（3）精密或难洗的玻璃仪器（滴定管、移液管、量瓶、比色管、玻璃垂熔漏斗等）。先用自来水冲洗后,沥干,再用铬酸清洁液处理一段时间(一般放置过夜),然后用自来水清洗,最后用纯化水冲洗3次。

洗刷仪器时,应首先将手用肥皂洗净,免得手上的油污物粘附在仪器壁上,增加洗刷的困难。

一个洗净的玻璃仪器应该不挂水珠(洗净的仪器倒置时,水流出后器壁不挂水珠)。

2. 玻璃仪器的干燥

(1) 晾干。不急等用的仪器,可放在仪器架上在无尘处自然干燥。

(2) 急等用的仪器可用玻璃仪器气流烘干器干燥(温度在60~70℃为宜)。

(3) 计量玻璃仪器应自然沥干,不能在烘箱中烘烤。

3. 玻璃仪器的保管

要分门别类存放在试验柜中,要放置稳妥。高的、大的仪器放在里面。需长期保存的磨口仪器要在塞间垫一张纸片,以免日久粘住。

第二节　分析化学实验常用仪器及基本操作

一、重量分析常用仪器及基本操作

化学分析法根据其利用化学反应的方式和使用仪器不同,分为重量分析法和滴定分析法。

重量分析法:根据物质的化学性质,选择合适的化学反应,将被测组分转化为一种组成固定的沉淀或气体形式,通过纯化、干燥、灼烧或吸收剂的吸收等一系列的处理后,精确称量,求出被测组分的含量,这种方法称为重量分析法。即采用不同方法分离出样品中的被测成分,称取重量,以计算其含量。按分离方法不同,重量分析分为沉淀重量法、挥发重量法和萃取重量法(在有机化学实验部分介绍)。

(一) 称量仪器及其操作

1. 台秤(一般天平)

在基础化学实验室中,常用于称量物体质量的仪器是台秤。台秤的最大称量为1 000 g,或500 g,能称准到1 g。若用药物台秤(又称小台秤),最大称量为100 g,能称准到0.1 g。这些台秤最大称量虽然不同,但原理是相同的,它们都有一根中间有支点的杠杆,杠杆两边各装有一个秤盘(见图2-1)。左边秤盘放置被称量物体,右边秤盘放砝码,杠杆支点处连有一指针,指针后有标尺。指针倾斜表示两盘质量不等。与杠杆平行有一根游码尺,尺上有一个活动的游码。在称量前,先观察两臂是否平衡,指针是否在标尺中央。如果不在中央,可以调节两端的平衡螺丝,使指针指向标尺中央,两臂即平衡。

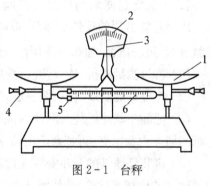

图2-1　台秤

1—称盘;2—标尺;3—指针;
4—平衡螺丝;5—游码;6—游码尺

称量时,将物体放在左盘上,在右盘上加砝码,用镊子(不要直接用手)先加大砝码,然后加较小的,加减到 10 g(小台秤为 5 g)以下的质量时,可以移动游码,直至指针在标尺中央,表示两边质量相等。右盘上砝码的克数加上游码在游码尺上所指的克数便是物体的质量。台秤用完后,应将砝码放回盒中,将游码复原至刻度"0"。台秤应经常保持清洁,所称物体不能直接放在盘上,而应放在清洁、干燥的表面皿、硫酸纸或烧杯中进行称量。

2. 分析天平

分析天平是定量分析的重要仪器之一,因操作繁琐现在应用较少。

图 2-2 电子分析天平

3. 电子分析天平

FA 系列电子分析天平的操作方法如下:

(1) 检查并调整天平至水平位置。

(2) 事先检查电源电压是否匹配(必要时配置稳压器),按仪器要求通电预热至所需时间。

(3) 预热足够时间后打开天平开关,天平则自动进行灵敏度及零点调节。待稳定标志显示后,可进行正式称量。

(4) 称量时将洁净称量瓶或称量纸置于秤盘上,关上侧门,轻按一下去皮键,天平将自动校对零点,然后逐渐加入待称物质,直到所需重量为止。

(5) 被称物质的重量是显示屏左下角出现"g"标志时,显示屏所显示的实际数值。

(6) 称量结束应及时除去称量瓶(纸),关上侧门,切断电源,并做好使用情况登记。

4. 称量瓶

带有磨口塞的筒形的玻璃瓶,用于差减法称量试样的容器。因有磨口塞,可以防止瓶中的试样吸收空气中的水分和 CO_2 等,适用于称量易吸潮的试样。

图 2-3 称量瓶

称量瓶的盖子是磨口配套的,不得丢失、弄乱。称量瓶使用前应洗净烘干,不用时应洗净,在磨口处垫一小纸,以方便打开盖子。

(二) 沉淀过滤常用仪器及其操作

沉淀过滤常用的仪器是漏斗、玻璃棒及滤纸。长颈漏斗用于定量分析,过滤沉淀;短颈漏斗用作一般过滤,具体操作如下:

(1) 将过滤纸对折,连续两次,叠成 90° 圆心角形状。

(2) 把叠好的滤纸,按一侧三层,另一侧一层打开,成漏斗状。

(3) 把漏斗状滤纸装入漏斗内,滤纸边要低于漏斗边,向漏斗口内倒一些清水,使浸湿的滤纸与漏斗内壁贴靠,再把余下的清水倒掉,待用。

(4) 将装好滤纸的漏斗安放在过滤用的漏斗架上(如铁架台的圆环上),在漏斗颈下放接纳过滤液的烧杯或试管,并使漏斗颈尖端靠于接纳容器的壁上。

(5) 向漏斗里注入需要过滤的液体时,右手持盛液烧杯,左手持玻璃棒,玻璃棒下端靠紧漏斗三层低一面上,使杯口紧贴玻璃棒,待滤液体沿杯口流出,再沿玻璃棒倾斜之势,顺势流入漏斗内,流到漏斗里的液体,液面不能超过漏斗中滤纸的高度。

（6）当液体经过滤纸，沿漏斗颈流下时，要检查一下液体是否沿杯壁顺流而下，注到杯底。否则应该移动烧杯或旋转漏斗，使漏斗尖端与烧杯壁贴牢，就可以使液体顺杯壁下流了。

（三）沉淀干燥常用仪器及其操作

1. 坩埚

坩埚是用极耐火的材料（如黏土、石墨、瓷土、石英或较难熔化的金属铁等）所制的器皿或熔化罐。一般为陶瓷深底的碗状容器。当有固体要以大火加热时，就必须使用坩埚。因为它比玻璃器皿更能承受高温。坩埚使用时，通常会将坩埚盖斜放在坩埚上，以防止受热物跳出，并让空气能自由进出以进行可能的氧化反应。坩埚因其底部很小，一般需要架在泥三角上才能以火直接加热。坩埚在铁三角架上用正放或斜放皆可，视实验的需求可以自行安置。坩埚加热后不可立刻将其置于冷的金属桌面上，以避免它因急剧冷却而破裂。

2. 干燥器

干燥器是通过加热使物料中的湿分（一般指水分或其他可挥发性液体成分）汽化逸出，以获得规定湿含量的固体物料的机械设备。

3. 烘箱

烘箱用以干燥玻璃仪器或烘干无腐蚀性、加热时不分解的物品。挥发性易燃物或刚用酒精、丙酮淋洗过的玻璃仪器切勿放入烘箱内，以免发生爆炸。

烘箱使用说明：接上电源后，即可开启加热开关，再将控温旋钮由"0"位顺时针旋至一定程度（视烘箱型号而定），此时烘箱内即开始升温，红色指示灯发亮。若有鼓风机，可开启鼓风机开关，使鼓风机工作。当温度计升至工作温度时（由烘箱顶上温度计读数观察得知）即将控温器旋钮按逆时针方向缓慢旋回，旋至指示灯刚熄灭。在指示灯明灭交替处即为恒温定点。一般干燥玻璃仪器时应先沥干，无水滴下时才放入烘箱，升温加热，将温度控制在 $100\sim120\,^{\circ}\mathrm{C}$ 左右。实验室中的烘箱是公用仪器，往烘箱里放玻璃仪器时应自上而下依次放入，以免残留的水滴流下使下层已烘热的玻璃仪器炸裂。取出烘干后的仪器时，应用干布衬手，防止烫伤。取出后不能碰水，以防炸裂。取出后的热玻璃器皿，若任其自行冷却，则器壁常会凝上水汽。可用电吹风吹入冷风助其冷却，以减少壁上凝聚的水汽。

二、滴定分析常用仪器及基本操作

滴定分析法，是将一种已知准确浓度的试剂溶液，滴加到被测物质的溶液中，直到所加的试剂与被测物质按化学计量定量反应为止，根据试剂溶液的浓度和消耗的体积，计算被测物质的含量。这种已知准确浓度的试剂溶液称为滴定液。将滴定液从滴定管中加到被测物质溶液中的过程叫做滴定。当加入滴定液中物质的量与被测物质的量按化学计量定量反应完成时，反应达到了计量点。在滴定过程中，指示剂发生颜色变化的转变点称为滴定终点。滴定终点与计量点不一定恰恰符合，由此所造成分析的误差叫做滴定误差。

适合滴定分析的化学反应应该具备以下几个条件：

（1）反应必须按方程式定量地完成，通常要求在 99.9％以上，这是定量计算的基础。

（2）反应能够迅速地完成（有时可加热或用催化剂以加速反应）。

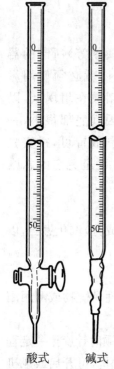

图 2-4 滴定管

基础化学实验

14

(3) 共存物质不干扰主要反应,或用适当的方法消除其干扰。

(4) 有比较简便的方法确定计量点(指示滴定终点)。

滴定分析分析法有以下两种:

(1) 直接滴定法。用滴定液直接滴定待测物质,以达终点。

(2) 间接滴定法。直接滴定有困难时常采用以下两种间接滴定法来测定:①置换法。利用适当的试剂与被测物反应产生被测物的置换物,然后用滴定液滴定这个置换物。②回滴定法(剩余滴定法)。用定量过量的滴定液和被测物反应完全后,再用另一种滴定液来滴定剩余的前一种滴定液。

滴定分析法常用的仪器主要有滴定管、量瓶、移液管等。

(一) 滴定管

在容量分析中,通常将滴定剂置于滴定管中,然后逐滴地加到被测的试液中去。滴定管是用来测量所加滴定剂的体积的容量仪器,它是细长、均匀并有精细刻度的玻璃管,下端呈尖嘴状,并有截门用以控制滴加溶液的速度。按截门构造的不同,可分为酸式和碱式两种。酸式滴定管用玻璃活塞作截门,为防止漏水和便于控制,要在活塞表面涂一薄层凡士林。碱式滴定管采用一段橡皮管作截门,管中置一合适的玻璃球。碱性溶液会腐蚀玻璃活塞,最终使活塞无法转动,因此碱性溶液必须放在碱性滴定管中;具有氧化性的溶液(如高锰酸钾溶液)会侵蚀橡胶,必须放在酸式滴定管中。

常量滴定管的体积多为 50 mL 或 25 mL,最小刻度为 0.1 mL,可读到 0.01 mL。半微量滴定管的容积有 10 mL、5 mL、2 mL、1 mL,最小刻度为 0.01 mL。

1. 滴定管的准备

1) 涂凡士林。

为了使活塞转动灵活并克服漏水现象,需将活塞涂凡士林油。操作方法如下:

(1) 将酸式滴定管平放在台面上,取出活塞。

(2) 用吸水纸将活塞和活塞套擦干,并注意勿使滴定管内壁的水再次进入活塞套。

(3) 蘸取适量凡士林,用手指在活塞的周圈(或活塞的大头和活塞套小口的内侧)涂上薄薄一层,如图 2-5 所示。油脂涂得要适当。涂得太少,活塞转动不灵活,且易漏水;涂得太多,活塞孔容易被堵塞。油脂绝对不能涂在活塞孔的上下两侧,以免旋转时堵住活塞孔。

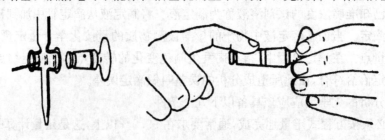

图 2-5 活塞涂凡士林

（4）将活塞插入活塞套中。插时，活塞孔应与滴定管平行，径直插入活塞套，不要转动活塞，这样避免将油脂挤到活塞孔中。然后向同一方向旋转活塞，直到活塞和活塞套上的油层全部透明为止。套上小橡皮圈。

涂好凡士林的滴定管要检查是否漏水。试漏的方法是先将活塞关闭，在滴定管内装满水，擦干滴定管外部，直立放置约 2 分钟，仔细观察有无水滴滴下，活塞缝隙中是否有水渗出；然后将活塞旋转 $180°$，再放置约 2 分钟，观察是否有水渗出。如无渗水现象，即可洗净使用。

2）洗涤。

滴定管是一种量出式仪器，用来测量容器放出的溶液的体积。为使测量准确，使用前应将滴定管洗净至管壁不挂水珠，为此要先用 5％铬酸洗液浸泡，再用自来水冲洗，然后用蒸馏水或去离子水洗。在灌入标准溶液之前，还要用少量标准溶液荡洗 2～3 次，以防止溶液变稀。

3）装溶液。

滴定管直接装满溶液后，应检查管下端是否有气泡，如有气泡，将影响溶液的体积的准确测量，必须排除。对于酸式滴定管，如有气泡，可将滴定管倾斜迅速转动活塞，让溶液急速下流以除去气泡。碱式滴定管，则可将橡皮管向上弯曲，用两指挤压玻璃珠，形成缝隙，让溶液从尖嘴口喷出，气泡即可除去，如图 2 - 6 所示。然后将液面控制在零刻度或零刻度以下。

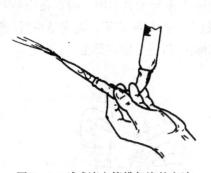

图 2 - 6　碱式滴定管排气泡的方法

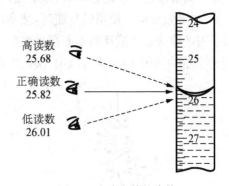

图 2 - 7　滴定管的读数

2. 滴定管的读数

为使读数准确，视线应与溶液弯月面下缘最低处保持同一水平（如图 2 - 7 所示），深色溶液的弯月面不易看清，可读液面的最上沿。

每次滴定完毕，需等 1～2 分钟，待内壁溶液完全流下再读数。每次滴定的初读数和末读数必须由同一个人读取，以免两个人的读数误差不同而引起误差的积累。初读数每次最好是调至 0.00 mL 刻度处，或 0.00 mL 附近的整刻度，而不要读取刻度间的估计数。

3. 滴定操作

将滴定液由滴定管滴加到待测物质溶液中的操作过程称为滴定。滴定时，用左手控制滴定管，右手拿锥形瓶。使用酸式滴定管时，左手拇指在活塞前，食指及中指在活塞后，灵活控制活塞。转动活塞时，手指微微弯曲，轻轻向里扣住，手心不要顶住活塞小头一端，以免顶出活塞，使溶液漏出，如图 2 - 8 所示。使用碱式滴定管时，左手指挤捏玻璃珠外橡皮管，使形成一狭缝,溶液即可流出,如图 2-9 所示。滴定时注意不要移动玻璃珠,也不要摆动尖嘴,以防空气进入尖嘴。

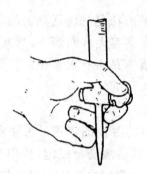 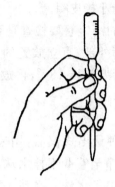

图 2-8　酸式滴定管操作　　　　图 2-9　碱式滴定管操作

滴定时,滴定管下端应深入瓶口少许,左手控制溶液的流速,右手前三指拿住瓶颈,其余两指做辅助,向同一方向作圆周运动,随滴随摇,以使瓶内的溶液反应完全,注意不要使瓶内溶液溅出,如图 2-10 所示。开始滴定时,滴定速度可稍快,但不能使滴出液呈线状。近终点时,滴定速度要放慢,以防滴定过量,每次滴加 1 滴或半滴,同时,不断旋摇,并用少量纯化水冲洗锥形瓶内壁,将溅留在瓶壁的溶液淋下,使反应完全,直至终点。仅需半滴时,将滴定管活塞微微转动,使半滴溶液悬于滴定管口,将锥形瓶内壁与管口接触,使溶液靠入锥形瓶中,并用少量纯化水冲下与溶液反应。使用碘量瓶时,玻塞应夹在右手中指与无名指间。滴定在烧杯中进行时,右手用玻棒或磁力搅拌器不断搅拌烧杯中的溶液,左手控制滴定管。滴定结束后,滴定管内剩余的溶液不得倒回原储备瓶中,滴定管用后应立即洗净,置于滴定架上,备用。

　　　酸式管　　　　　　　　　　　　　碱式管

图 2-10　滴定操作示意图

使用步骤简化为:①检漏;②洗涤;③润洗;④装液;⑤排气泡;⑥调液面,记录初读数;⑦滴定;⑧记录终读数;⑨洗涤。

注意事项:

1) 滴定管的读数。

(1) 等 1~2 min(或 0.5~1 min)。读数前检查管壁是否挂水珠,管尖是否有气泡,尖嘴处是否有液滴。

(2) 取下,垂直状态时读数。

（3）初读数为 0.00 mL 处或稍下一点的位置。

（4）读到小数点后第二位。

（5）读数时，滴定管尖嘴处不能悬挂液滴。

2）滴定操作。

（1）仪器摆放：锥形瓶底离滴定台约 2～3 cm，滴定管尖伸入瓶内约 1 cm。

（2）滴定操作：左控右摇，操作正确。

（3）滴加方式：线滴（渐滴成线）；点滴，半滴。

（二）量瓶

量瓶也称容量瓶，它是一种细长颈梨形的平底玻璃瓶，带有磨口塞或塑料塞。瓶颈上刻有环形标线，表示在所标示温度下，当液面至标线时，液体体积恰好与瓶上注明的体积相等。量瓶能准确盛放一定体积的溶液，一般用于配制和准确稀释溶液。容量瓶的体积有 1 000 mL、500 mL、250 mL、100 mL、50 mL、25 mL、10 mL、5 mL 等多种规格。

量瓶使用之前，首先要检查是否漏水。其方法是将量瓶装满水，盖紧瓶塞，一手食指按住瓶塞，一手手指握住瓶底，将量瓶倒置 1～2 分钟，观察瓶口是否有水渗出，如图 2-11 所示，如不漏水，将瓶塞转动 180°后，再试验一次，仍不漏水，即可使用。

图 2-11 量瓶检漏及混匀

图 2-12 溶液转入量瓶

配制溶液前先将量瓶洗净，如果是用固体溶质配制溶液，应先将准确称量好的固体物质置于烧杯中，溶解后，再将溶液定量转移至量瓶中。转移时，用一玻棒插入量瓶内，玻棒下端靠着瓶颈内壁，烧杯嘴紧靠玻棒，使溶液沿玻棒流入量瓶中，如图 2-12 所示，溶液全部流完后，将烧杯沿玻璃棒上移，并同时直立，使附在玻璃棒与烧杯嘴之间的溶液流回烧杯中。然后用纯化水冲洗烧杯，洗液一并转入量瓶中，重复冲洗三次。当加入纯化水至量瓶容积的 2/3 处时，旋摇量瓶，使溶液混合均匀。当加至近标线时，要逐滴加入，直至溶液的弯月面下缘与标线相切为止。盖紧瓶塞，倒转量瓶摇动数十次，使溶液充分混合均匀。

量瓶不能长期存放溶液，配制好的溶液应倒入清洁干燥的试剂瓶中储存。量瓶不能直火加热，也不能盛放热溶液。瓶塞与瓶配套使用，不能互换。

使用步骤简化为：①检漏；②洗涤；③定量转移；④稀释至 2/3 处，旋摇；⑤定容；⑥混匀；⑦洗涤。

注意事项：

（1）热溶液应冷至室温后，才能移入容量瓶中。

（2）需避光的溶液应以棕色容量瓶配制。

（3）容量瓶不能长期存放溶液。

（三）移液管

移液管也称吸量管，是用来准确移取一定体积的溶液的一种量出式仪器，通常有两种形状，一种移液管是一根细长而中间有一膨大部分的玻璃管，管的下端为尖嘴状，具有单刻度而无分刻度，又称腹式吸管，如图 2-13(a)所示。常用的规格有 50 mL、25 mL、10 mL、5 mL、1 mL。这种移液管用来移取一定体积的溶液。

另一种刻度吸管为直形管状，管上有分刻度，可用手准确量取在总容积范围以内体积的溶液，如 5 mL 刻度吸管可以吸取 3 mL 或 4 mL 溶液等，常用的有 10 mL、5 mL、2 mL、1 mL 等规格，如图 2-13(b)所示。

移液管使用前的处理方法与滴定管相同。使用时，先将已洗净的移液管用少量待吸溶液润洗 2～3 次，以除去残留在管内的水分，操作如图 2-14 所示。

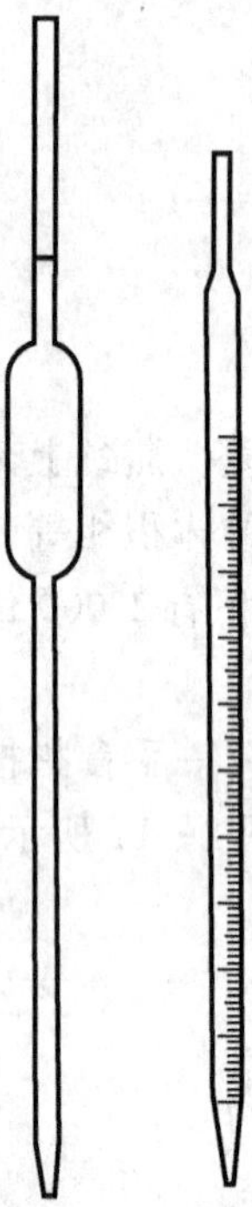

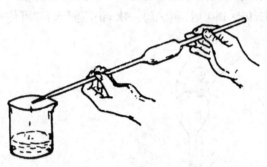

图 2-13　移液管

(a) 腹式吸管；
(b) 刻度吸管

图 2-14　移液管的淌洗

吸取溶液时，右手将移液管插入溶液中，左手拿洗耳球，先把球内空气压出，然后把球的尖端插入移液管顶口，慢慢松开洗耳球，使溶液吸入管内，如图 2-15 所示。移液时先用洗耳球将溶液洗至标线以上，用食指堵住上口，再调节溶液弯月面下缘使之与标线相切，然后将移液管放入接受容器中，使其尖嘴接触容器内壁，容器稍斜，管则直立，放松食指，待溶液自由流完后，停留 15 s 后取出移液管。必须注意，移液管溶液的体积指流出的液体体积，不包括残留在管的尖嘴内的溶液，切不可将它吹入接受容器中。

移液管使用完毕，立即洗净放在移液管架上。移液管不能放在烘箱中烘烤，以免引起容积变化而影响测量的准确度。

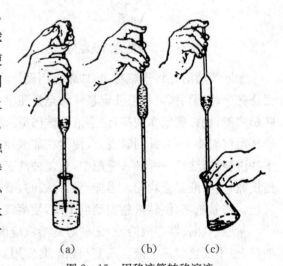

图 2-15　用移液管转移溶液

(a) 吸取溶液；(b) 调节液面；(c) 放出溶液

使用步骤简化为:①洗涤;②润洗;③吸液过标线;④放液至标线;⑤转移;⑥洗涤。

注意事项:

(1) 移取溶液前,用滤纸将尖端内外的水吸尽。

(2) 润洗液由管尖放出,弃取。

(3) 防止产生吸空现象。

(4) 吸液过标线后,将移液管提离液面,并将管的下部原伸入溶液的部分,贴容器内壁转两圈,尽量除去管尖外壁粘附的溶液。

(5) 放液至标线时,将容器倾斜45°左右,竖起移液管,管尖紧贴容器内壁。

(6) 转移时,操作同上步,待溶液全部放完后,再等 15 s。

(7) 用吸量管吸取溶液时,在几次平行实验中,应尽量使用同一支吸量管的同一段。

(8) 移液管、吸量管和容量瓶等有刻度的精确玻璃量器,不得放在烘箱中烘烤。

三、可见分光光度计的使用——7205型分光光度计

(一) 主要技术指标

(1) 光学系统:单光束,1 200 条/毫米衍射光栅。

(2) 波长范围:325~1 000 nm。

(3) 光源:钨卤素灯 6 V/10 W。

(4) 光度范围:0~100%T,-0.097~2.000 A。

(5) 光度精度:±1.0%T。

(二) 仪器图片及各部件名称

如图 2-16 所示:

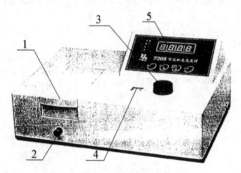

图 2-16　7205型分光光度计

1—样品室盖门;2—样品架拉手;3—波长旋钮;
4—波长显示窗口;5—数据显示窗口。

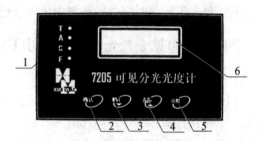

图 2-17　数据显示窗口

1—状态显示;2—确认键;3—调 0%T 键;
4—调 100%T/0.000A;5—功能键;6—数据显示。

1. 状态显示

T—透光率;A—吸光度;C—浓度;F—斜率。

2. 确认键

(1) 用于仪器把当前的数据发送到计算机。

(2) 当处于 F 状态时,具有确认功能。

3. 调 0%T 键

(1) 调零只有在 T 状态时有效,打开样品室盖,放进黑体,按此键后,T 应显示 000.0。

（2）下降键：只有在 F 状态时有效，按此键 F 值会自动减 1，如果按住此键不放，自动减 1 会加快速度，如果 F 值为 0 后，再按此键它会自动变为 1999，再按此键开始自动减 1。

4. 调 100％T/0.000A 键

（1）在 A、T 状态时，关闭样品室盖，按此键后应显示 0.000A、100％T。

（2）在 C 状态时，按此键显示器显示 $F1$，是打开定时打印功能。再按 1 次此键，显示器显示 $F2$，是关闭定时打印功能。

（3）上升键：只有在 F 状态时有效，按此键 F 值会自动加 1，如果按住此键不放，自动加 1 会加快速度，如果 F 值为 1999 后，再按此键它会自动变为 0，再按此键开始自动加 1。

5. 功能键

每按此键可切换 T、A、C、F 之间的值。

6. 数据显示

显示数据，可直接读数。

（三）使用方法及注意事项

（1）开启电源，预热 20 分钟，调节波长至所需波长处。

（2）开启样品室盖，槽一放参比溶液，槽二放标准溶液，槽三放待测溶液，依次轻轻的拉入光路。

（3）吸收池光面置于光路中，吸收池架拉杆应恰好在凹槽位置。

（4）每换一次波长时，都要重新调"$A=0$"或"$T=100％$"。

（5）吸收池每次盛放的液体体积约占池体 4/5，洗涤时最好少量多次（一般为 3 次），用擦镜纸擦干池外表。

（6）在测定过程中应随时关闭样品室盖以保护光电管。

（7）测量完毕，必须先关闭仪器电源开关，再断开电源，吸收池用蒸馏水洗干净，登记使用情况，盖好保护罩。

（8）仪器不使用时应在样品室中放入干燥剂。

四、紫外可见分光光度计的使用（UV-2100 型）

（一）主要技术指标

（1）光学系统：单束光，1 200 条/毫米衍射光栅。

（2）波长范围：200～1 000 nm。

（3）光源：钨卤素灯 6 V/10 W、氘灯 DD2.5A 型。

（4）光度范围：0～125％T，−0.097～2.500A，0～1999C（0～1999F）。

（5）光度精度：±0.5％T。

（二）仪器按键部分名称

（1）测试方式选择键 $\boxed{\text{MODE}}$：按此键可循环选择测试方式。

（2）OABS/100.0％T 设置键 $\boxed{\text{OABS/100.0％}T}$：按此键可自动调 0 吸光度（100％透射比）。在改变测试波长后，按此键先确认波长，然后自动调 0 吸光度（100％透射比）。

（3）参数输出打印键 $\boxed{\text{PRINT}}$：可将测试参数（当前 A 值、T 值）通过 RS-232 串行口输送给外接的打印机。

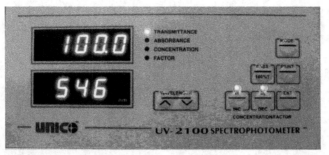

（4）浓度参数设置键 $\boxed{\text{INC}} \backslash \boxed{\text{DEC}}$：在 C 或 F 测试方式时，可设置已知标准样品的浓度值或设置已知标准样品浓度的斜率。按 $\boxed{\text{INC}}$ 键，参数增加，按 $\boxed{\text{DEC}}$ 键，参数减少。

（5）波长设置键 WAVELENGTH $\boxed{\land}$ $\boxed{\lor}$：可设置你所需要的分析波长。按 $\boxed{\land}$ 键，波长增加；按 $\boxed{\lor}$ 键，波长减少。

（6）浓度参数确认键 PC 连接键 $\boxed{\text{ENT}}$：在 C 或 F 测试方式时，按 $\boxed{\text{ENT}}$ 键，确认设置参数有效。若不按此键，则设置无效。打开 UNICO 用户应用软件后，按此 $\boxed{\text{ENT}}$ 键，显示器立即显示"PC——，CONN"字样，表示仪器进入与计算机连接状态，如不成功，则回跳到前状态。如成功，则一直显示"PC——，CONN"字样，此时即可在 PC 机的软件界面上操作仪器。

（7）钨灯、氘灯控制键 $\boxed{\text{W}}$、$\boxed{\text{D2}}$：在 T 或 A 测试方式时，按此键可以控制钨灯、氘灯的开或关。指示灯亮表示开，指示灯不亮表示关。

（8）0%T 更新功能：按 $\boxed{\text{MODE}}$ 键约 2 s，显示器会显示"ZERO"字样，即松手，仪器进行 0%T 更新。该更新过程大约需要 40 s。（此功能用于被测样品测试精度要求较高时，建议与 PC 机联机前作一次 0%T 更新。

（三）仪器工作环境要求及检查

（1）仪器应放置在室温在 5～35℃，相对湿度不大于 85% 的环境工作。

（2）放置仪器的工作台应该平坦、牢固、结实，不应有振动或其他影响仪器正常工作的现象。

（3）强烈电磁场、静电及其他电磁干扰，都可能影响仪器正常工作，放置仪器时应尽可能远离干扰器。

（4）仪器放置应避开有化学腐蚀气体的地方，如硫化氢、二氧化硫、氨气等。

（5）仪器应避免阳光直射。

（6）仪器的电源供给要求应在仪器额定电压的 ±10% 范围内，频率变化在 ±1 Hz 范围内，并有良好接地。

（7）接通电源，让仪器预热至少 20 分钟，使仪器进入热稳定工作状态。有时仪器会因运输、存储环境因素而受潮产生诸如读数波动等不稳定现象，此时，请保持仪器周围有良好的通风环境，并连续开机数小时，直到读数稳定为止。

（8）仪器接通电源后，即进入自检状态，仪器会将自检状态分别显示在显示器上。当显示器上显示出"100.0"和"546"时，仪器此时便进入测试状态。

显示器显示仪器各部分自检项目的符号为：

UNICO 2100——电源接通；

UNICO P1——滤色片测试，灯切换测试；

UNICO P2——波长初始位置测试；

UNICO P3——波长测试；

UNICO P4——暗电流、亮电流测试；

UNICO 0546——波长定位，调 OABS；

PC——CONN——PC 机连接状态测试；

100.0 546——仪器自检完毕。

（四）仪器操作程序

（1）连接仪器电源线，确保仪器供电电源有良好的接地功能。

（2）接通电源，至仪器自检完毕，显示器显示"100.0 546"即可进行测试。

（3）用 MODE 键设置测试方式：透射比 T、吸光度 A、已知标准样品浓度值方式 C 或已知标准样品斜率 F 方式。

（4）用波长设置键，设置测试波长。如没有进行上步操作，仪器不会变换到你想要的分析波长，根据分析规程，每当分析波长改变时，必须重新调整 $OA/100\%T$。

（5）根据设置的分析波长，选择正确的光源，光源的切换波长在 335 nm 处（即 335 nm 钨灯，334 nm 氘灯）。正常情况下，仪器开机后，钨灯和氘灯同时点亮。为延长光源灯的使用寿命，仪器特别设置了光源灯开关控制功能，当分析波长在 335～1 000 nm 时，可将氘灯关掉。而在 200～334 nm 时，可将钨灯关掉。

（6）将参比样品溶液和被测样品溶液分别倒入比色皿中，打开样品室盖，将盛有溶液的比色皿分别插入比色皿槽中，盖上样品室盖。一般情况下，参比溶液放在第一个槽位上。仪器所附的比色皿，其透射比是经过配对测试的，未经配对测试的比色皿将影响样品的测试精度。比色皿透光部分表面不能有指印、溶液痕迹，被测试溶液中不能有气泡、悬浮物，否则也将影响样品测试的精度。

（7）将参比样品推（拉）入光路中，按 $OA/100\%T$ 键调 $OA/100\%T$，此时显示器显示"BLA——"直至显示"100.0"或"0.000"为止。

（8）当仪器显示器显示出"100.0"或"0.000"后，将被测样品推（拉）入光路，这时，便能从显示器上得到被测样品的透射比或吸光度值。

第三节　化学分析实验

实验1　氯化钡结晶水的测定（重量分析法）

一、实验目的

（1）了解重量分析的基本操作。

（2）能用电子天平进行称量。

（3）学会并掌握干燥失重法测定水分的原理和方法。

（4）明确恒重的意义，会进行恒重的操作。

二、基本原理

干燥失重法常用于固体试样中水分、结晶水或其他易挥发组分的含量测定。结晶水是水合结晶物质结构内部的水，一般较稳定，但加热到一定温度也可以失去。例如，$BaCl_2 \cdot 2H_2O$ 在125℃可有效地脱除结晶水：

$$BaCl_2 \cdot 2H_2O \Longrightarrow BaCl_2 + 2H_2O \uparrow$$

称取一定质量的结晶氯化钡，在125℃下加热到质量不再改变为止。试样减轻的质量就是结晶水的质量。

三、仪器和试剂

（1）仪器：电子天平，电热恒温干燥箱，干燥器，称量瓶，研钵。

（2）试剂：$BaCl_2 \cdot 2H_2O$(AR)。

四、实验步骤

1. 空称量瓶的干燥恒重

取称量瓶3个，洗净，将瓶盖斜靠于瓶口上，置于电热干燥箱中125℃干燥1 h。取出置于干燥器中冷却至室温（约30 min）。取出，盖好瓶盖，准确称其质量。重复操作，直至恒重（连续两次干燥后的质量差小于0.3 mg即为恒重）

2. 试样干燥失重的测定

取 $BaCl_2 \cdot 2H_2O$ 试样，在研钵中研成粗粉，分别精确称取3份，每份约1.5 g，平铺于已恒重的称量瓶中，将称量瓶盖斜放于瓶口，置电热干燥箱中125℃干燥1 h，取出，移至干燥器中冷却至室温（约30 min）。取出，盖上称量瓶盖，准确称其质量。重复操作，直至恒重。按下式计算 $BaCl_2 \cdot 2H_2O$ 结晶水含量：

$$结晶水质量分数 = \frac{干燥失重}{试品重量} \times 100\%$$

五、注意事项

（1）对于恒重称量，应在相同操作条件下进行，即称量瓶（或加样品后）加热干燥的温度及在干燥器中冷却的时间应保持一致。

（2）取用称量瓶时，应用洁净的纸条套住称量瓶，不能用手直接拿走，以免沾污称量瓶，造成称量误差。

（3）称量瓶烘干后置于干燥器中冷却时，勿将盖子盖严，以免冷却后盖子不易打开。但称量时应盖好瓶盖。

（4）称量操作速度要快，以免干燥样品久置空气中吸潮而影响恒重。

（5）加热干燥温度不宜过高，否则 $BaCl_2$ 可能有部分损失。

(6) 所有称量数据应及时、准确地记录在报告上，不能随意涂改。

六、数据记录及处理

项　目　　　　　编　号		1号称量瓶	2号称量瓶	3号称量瓶
空称量瓶恒重 W_0/g	第1次			
	第2次			
	第3次			
称量瓶加试样质量 W_1/g				
称量瓶加试样干燥后恒重 W_2/g	第1次			
	第2次			
	第3次			
试样质量(W_1-W_0)/g				
干燥失重(W_1-W_2)/g				
结晶水含量/%				
平均结晶水含量/%				
相对平均偏差				
氯化钡结晶水理论含量				

计算氯化钡结晶水的含量百分比，并与理论值相比较，根据实验情况和结果进行讨论。

七、思考题

(1) 何谓恒重？空称量瓶为何要干燥至恒重？
(2) 实验测定的氯化钡结晶水含量的百分比不与理论值相符合的原因可能有哪些？

八、讨论

实验2　滴定分析仪器的基本操作及练习

一、实验目的

(1) 掌握滴定分析仪器的洗涤方法。
(2) 学会滴定分析仪器的正确使用方法。

二、基本原理

滴定分析法是将滴定液滴加到待测物质的溶液中，直到反应完全，根据滴定液的浓度和消耗的体积,计算被测组分含量的分析方法。准确测量溶液的体积是获得良好分析结果的重要条件之一,因此,必须掌握滴定管、移液管和量瓶等常用滴定分析仪器的洗涤和使用方法。本次实验是按照滴定分析仪器的使用操作规程,进行滴定操作和移液管、量瓶的使用练习。

三、仪器和试剂

(1) 仪器:酸式滴定管(25 mL)、碱式滴定管(25 mL)、锥形瓶(250 mL)、移液管(25 mL)、量瓶、烧杯、洗耳球。

(2) 试剂:0.1 mol/LNaOH、0.1 mol/LHCl、0.1%酚酞指示剂、0.1%甲基橙指示剂、铬酸洗液。

四、实验步骤

(一) 滴定分析仪器的洗涤

滴定分析仪器在使用前必须洗涤干净。洗净的器皿,其内壁被水润湿而不挂水珠。一般的洗涤方法是:常用器皿如锥形瓶、烧杯、试剂瓶等可用自来水冲洗或用刷子蘸取肥皂水或洗涤剂刷洗。滴定管、量瓶、移液管等量器为避免容器内壁磨损而影响量器测量的准确度,一般不用刷子刷洗。可用自来水冲洗或洗涤剂冲洗。如上述方法仪器仍不能洗涤干净,可用洗液(一般用铬酸洗液)洗涤,洗液对那些不易用刷子刷洗的器皿进行洗涤尤为方便。下面介绍滴定管、量瓶及移液管的洗涤方法。

向滴定管中小心倒入铬酸洗液约 10 mL 左右(碱式滴定管下端的乳胶管需拆下),然后将滴定管倾斜并慢慢转动滴定管,使其内壁全部被洗液润湿,再将洗液倒回原洗液瓶中,如仪器内部被沾污严重,可将洗液充满仪器浸泡数分钟或数小时后,将洗液倒回原瓶,用自来水把残留在仪器上的洗液冲洗干净。然后再用少量纯化水淌洗 2～3 次,备用。移液管及量瓶洗涤方法跟滴定管类似。

(二) 滴定练习

1. NaOH 溶液滴定 HCl 溶液

将碱式滴定管检漏、洗净后,用少量 0.1 mol/L NaOH 溶液洗涤 2～3 次,装入 0.1 mol/L NaOH 溶液至刻度"0"以上,排除气泡,调整至 0.00 刻度。

取洗净的 25 mL 移液管 1 支,用少量 0.1 mol/LHCl 溶液洗涤 2～3 次,移取 0.1 mol/LHCl 溶液 15.00 mL,置于洁净的 250 mL 锥形瓶中,加 2 滴酚酞指示剂。用 0.1 mol/L NaOH 溶液滴定至溶液由无色变浅红色,半分钟内不褪色,即为终点,记录 NaOH 溶液的用量。重复以上操作 2～3 次,每次消耗的 NaOH 溶液体积相差不得超过 0.04 mL。

2. HCl 溶液滴定 NaOH 溶液

将酸式滴定管的活塞涂油、检漏、洗净后,用少量 0.1 mol/L HCl 溶液洗涤 2～3 次,装入 0.1 mol/L HCl 溶液至刻度"0"以上,排除气泡,调整至 0.00 刻度。

以甲基橙为指示剂,用 HCl 溶液滴定 NaOH 溶液,终点时溶液由黄色变为橙色,其他操作同上。

五、注意事项

(1) 滴定管、移液管和量瓶的使用,应严格按有关要求进行操作。

（2）洗液具有很强的腐蚀性，能灼伤皮肤和腐蚀衣物，使用时应特别小心，如不慎把洗液洒在皮肤、衣物和实验台上，应立即用水冲洗。洗液的颜色如已变为绿色，显示其不再具有去污能力，不能继续使用。

（3）滴定管、移液管和量瓶是带有刻度的精密玻璃量器，不能用直火加热或放入干燥箱中烘干，也不能装热溶液，以免影响测量的准确度。

（4）滴定仪器使用完毕，应立即洗涤干净，并放在规定的位置。

六、数据记录及处理

滴定练习记录：

	I	II	III
$V_{NaOH初}$ /mL			
$V_{NaOH终}$ /mL			
$V_{NaOH消}$ /mL			
$V_{HCl初}$ /mL			
$V_{HCl终}$ /mL			
$V_{HCl消}$ /mL			

注：每位同学各测一组数据。

七、思考题

（1）滴定管、移液管在装入溶液前为何需用少量待装液润洗 2～3 次？用于滴定的锥形瓶是否需要干燥？是否需用待装液润洗？为什么？

（2）为什么同一次滴定中，滴定管溶液体积的初终读数应由同一操作者读取？

（3）滴定两份相同的试液时，若第一份用标准溶液 10 mL，在滴定第二份溶液时，是继续用余下的溶液，还是添加溶液至滴定管的刻度"0.00"附近然后再滴定，哪种操作正确？为什么？

（4）为什么用 HCl 滴定 NaOH 时采用甲基橙作为指示剂，而用 NaOH 滴定 HCl 时用酚酞作为指示剂？

八、讨论

提示：对实验中出现的现象与问题，应加以分析和讨论，总结经验教训，或者改进的设想等，以提高分析问题和解决问题的能力。

实验3　盐酸滴定液的配制和标定（酸碱滴定法）

一、实验目的

（1）掌握盐酸滴定液配制与标定的原理和方法。

(2) 熟悉用甲基红-溴甲酚绿混合指示剂滴定终点。

二、基本原理

市售浓盐酸为无色透明溶液，HCl 含量为 $36\% \sim 38\%(w)$，相对密度约为 1.19。由于浓盐酸易挥发，不能直接配制，应采用间接法配制盐酸滴定液。

标定盐酸的基准物有无水碳酸钠和硼砂等，本实验用基准无水碳酸钠进行标定，以甲基红-溴甲酚绿混合指示剂指示终点，终点颜色由绿色变暗紫色。标定反应为：

$$2HCl + Na_2CO_3 \Longrightarrow 2NaCl + H_2O + CO_2 \uparrow$$

反应过程产生的 H_2CO_3 会使滴定突跃不明显，致使指示剂颜色变化不够敏锐。所以，在滴定接近终点时，将溶液加热煮沸，并摇动以驱走 CO_2，冷却后再继续滴定至终点。平行测定两份，计算盐酸溶液的浓度和相对平均偏差。

按下式计算盐酸滴定液的浓度：

$$c_{HCl} = 2 \times \frac{m_{Na_2CO_3}}{V_{HCl} \times M_{Na_2CO_3}} \times 10^3$$

三、仪器和试剂

(1) 仪器：电子天平，滴定管(25 mL)，锥形瓶(250 mL)，试剂瓶，电炉。
(2) 试剂：浓 HCl，基准无水 Na_2CO_3，甲基红-溴甲酚绿混合指示剂，纯化水。

四、实验步骤

1. 基准无水 Na_2CO_3 溶液的配制

采用电子天平的递减称量法，精密称取在 $270 \sim 300$℃ 干燥至恒重的基准无水 Na_2CO_3 约 $0.10 \sim 0.12$ g/份，放置 250 mL 锥形瓶中，加 45 mL 纯化水溶解即得。

提示：

称量的方法可分为直接称量法、固定质量称量法及递减称量法。递减称量法(差减法)使倒出样品的质量等于称量瓶倾出样品前后质量之差，即样品质量=$W_1 - W_2$。操作方法如下：

在电子天平上直接称量装有 Na_2CO_3 的称量瓶的质量 m_1 以后，用小纸条套住称量瓶，将其从天平盘取出，置于锥形瓶上方，右手用一小块清洁的纸块捏住称量瓶盖尖，打开瓶盖，用瓶盖轻敲瓶口，直至倾出 Na_2CO_3 约 $0.10 \sim 0.12$ g(倾出量允许误差±10%)到一个锥形瓶为止，然后称出称量瓶和剩下 Na_2CO_3 的准确质量 m_2。即：$m_1 - m_2 = 0.10 \sim 0.12$ g。

2. HCl 滴定液(0.1 mol/L)的配制

用洁净小量筒取浓盐酸 3.6 mL，放置 500 mL 的试剂瓶中，加 400 mL 纯化水稀释摇匀即得。

3. 滴定过程

在基准无水 Na_2CO_3 溶液中加 9 滴甲基红-溴甲酚绿混合指示剂，用待标定的 HCl 滴定液滴定至溶液由绿色变紫红色，煮沸约 2 min，冷却至室温，继续滴定至暗紫色，记下所消耗的滴定液的体积。平行测定 $2 \sim 3$ 次。

五、注意事项

(1) 无水 Na_2CO_3 经高温烘烤后,极易吸潮,故称量时动作要快,称量瓶盖一定要盖严。

(2) 无水 Na_2CO_3 作为基准物标定 HCl 滴定液,使用前必须在 270～300℃干燥 1 h。

六、数据记录及处理

滴定练习记录:

项目 编号		1	2	3
基准物质称量记录 m/g	m_i			
	m_{i+1}			
	m			
滴定记录 V/mL	$V_终$			
	$V_初$			
	$V_消$			
浓度 $/(mol/L)$	c			
	$\bar{c}$			
精密度	d			
	$\bar{d}$			
	$R_{\bar{d}}$			

七、思考题

(1) 为什么不能用直接法配制 HCl 滴定液?

(2) 往锥形瓶中倾倒基准物 Na_2CO_3 固体时,瓶内有少量水,是否会影响称量的准确度?

(3) 基准 Na_2CO_3 使用前为什么必须在 270～300℃干燥 1 h?

(4) 溶解基准 Na_2CO_3 所加纯化水 50 mL 能否用量筒(杯)量取?

八、讨论

实验4 氢氧化钠滴定液的配制和标定(酸碱滴定法)

一、实验目的

(1) 掌握氢氧化钠滴定液的配制和标定方法。

(2) 巩固用递减法称量固体物质。

(3) 熟悉滴定操作并掌握滴定终点的判断。

二、基本原理

NaOH 易吸收空气中的 CO_2 而生成 Na_2CO_3，其反应式为：

$$2NaOH + CO_2 = Na_2CO_3 + H_2O$$

由于 Na_2CO_3 在饱和 NaOH 溶液中不溶解，因此将 NaOH 制成饱和溶液，其含量约为 $52\%(w)$，相对密度约为 1.56。待 Na_2CO_3 沉淀后，量取一定量的上清液，稀释至一定体积，即可。用来配制 NaOH 的纯化水，应加热煮沸放冷，除去水中的 CO_2。

标定 NaOH 滴定液的基准物质有草酸、苯甲酸、邻苯二甲酸氢钾（$KHC_8H_4O_4$）等。通常用邻苯二甲酸氢钾标定 NaOH 滴定液，标定反应如下：

计量点时，生成的弱酸强碱盐水解，溶液为碱性，采用酚酞作指示剂。按下式计算 NaOH 滴定液的浓度：

$$c_{NaOH} = \frac{m_{KHC_8H_4O_4}}{V_{NaOH} \times M_{KHC_8H_4O_4}} \times 10^3$$

三、仪器和试剂

(1) 仪器：电子天平，滴定管（25 mL），锥形瓶（250 mL），试剂瓶电炉。
(2) 试剂：固体 NaOH，基准邻苯二甲酸氢钾，酚酞指示剂。

四、实验步骤

1. 基准邻苯二甲酸氢钾（KHP）溶液的配制
采用分析天平的递减称量法，精密称取在 $105\sim110℃$ 干燥至恒重的基准邻苯二甲酸氢钾（KHP）约 0.27 g/份，放置 250 mL 锥形瓶中，加 40 mL 纯化水使之完全溶解。

2. NaOH 滴定液（0.1 mol/L）的配制
(1) NaOH 饱和溶液的配制：用台称称取 NaOH 约 120 g，倒入装有 100 mL 纯化水的烧杯中，搅拌使之溶解成饱和溶液。贮于塑料瓶中，静置数日，澄清后备用。
(2) NaOH 滴定液（0.1 mol/L）的配制：取澄清的饱和 NaOH 溶液 2.80 mL，置于 500 mL 试剂瓶中，加新煮沸的冷纯化水 500 mL，摇匀密塞，贴上标签，备用。

3. 滴定过程
在基准 KHP 溶液中加 2 滴酚酞指示剂，用待标定的 NaOH 溶液滴定至溶液由无色变浅红色，且 30 s 不褪色，即可。记下所消耗的滴定液的体积。平行测定 2～3 次。

五、注意事项

(1) 固体氢氧化钠应放在表面皿上或小烧杯中称量，不能在称量纸上称量，因为氢氧化钠极易吸潮。

（2）滴定前，应检查橡皮管内和滴定管尖处是否有气泡，如有气泡应排除。

（3）盛放基准物的 3 个锥形瓶应编号，以免混淆。

六、数据记录及处理

滴定练习记录：

项 目	编 号	1	2	3
基准物质称量记录 m/g	m_i			
	m_{i+1}			
	m			
滴定记录 V/mL	$V_终$			
	$V_初$			
	$V_消$			
浓度 $/(mol/L)$	c			
	$\bar{c}$			
精密度	d			
	$\bar{d}$			
	R_d			

七、思考题

（1）配制 NaOH 滴定液时，用台秤称取固体 NaOH 是否会影响浓度的准确度？用量筒量取 500 mL 纯化水是否也会影响浓度的准确度？为什么？

（2）用邻苯二甲酸氢钾基准物标定 NaOH 溶液的浓度，若消耗 NaOH（0.1 mol/L）滴定液约 25 mL，问应称取邻苯二甲酸氢钾多少克？

（3）待标定的 NaOH 溶液装入碱式滴定管前，为什么要用少量的此溶液淌洗 2～3 遍？

八、讨论

实验5 硝酸银滴定液的配制和标定（沉淀滴定法）

一、实验目的

（1）学会并掌握硝酸银标准溶液的配制和标定方法。

（2）能根据吸附指示剂的颜色变化来确定终点。

(3) 进一步巩固滴定分析基本操作。

二、基本原理

硝酸银标准溶液一般用间接法配制,然后用基准物质标定其浓度。标定硝酸银标准溶液一般采用基准 NaCl,用吸附指示剂(荧光黄 HFIn)确定滴定终点。

荧光黄指示剂是一种有机弱酸类染料,在水中部分解离出荧光黄阴离子(FIn$^-$)呈黄绿色。在化学计量点前,溶液中 Cl$^-$ 过量,生成的 AgCl 胶状沉淀首先吸附 Cl$^-$ 使沉淀表面带负电荷(AgCl·Cl$^-$),由于同性电荷相斥,荧光黄阴离子没有被吸附,呈黄绿色。但到计量点后,溶液中 Ag$^+$ 过量,生成的 AgCl 胶状沉淀吸附 Ag$^+$ 使沉淀表面带正电荷(AgCl·Ag$^+$),此时吸附荧光黄阴离子,引起其结构变化,颜色由黄绿色转变为淡红色,变色过程如下:

$$(AgCl) \cdot Ag^+ + FIn^- \Longrightarrow (AgCl) \cdot Ag^+ \cdot FIn^-$$
$$\text{(黄绿色)} \qquad \text{(淡红色)}$$

为了防止 AgCl 胶体的凝聚,滴定前加入糊精溶液,使 AgCl 保持胶状且具有较大的表面积,增大吸附能力,终点变色敏锐。

三、仪器和试剂

(1) 仪器:电子天平,称量瓶,台秤,棕色试剂瓶,棕色滴定管,锥形瓶,量筒,烧杯,量杯。

(2) 试剂:固体 AgNO$_3$,基准 NaCl,2%的糊精溶液,荧光黄指示剂(0.1%乙醇溶液)。

四、实验步骤

1. 0.1 mol/L 的 AgNO$_3$ 标准溶液的制备

用台秤称取固体 AgNO$_3$ 4.5 g 于小烧杯,加纯化水溶解后转移到 250 mL 的量杯中,加纯化水稀释到 250 mL,混匀,置于棕色试剂瓶中待标定。

2. 0.1 mol/L 的 AgNO$_3$ 标准溶液的标定

精确称取已干燥(110℃)恒重的基准 NaCl 约 0.12 g 于 250 mL 锥形瓶中,加 50 mL 纯化水溶解,加 5 mL 2%的糊精溶液,加 5~8 滴荧光黄指示剂,用待标定的 AgNO$_3$ 标准溶液滴定至混浊液由黄绿色转变为淡红色,即为终点,记录消耗 AgNO$_3$ 标准溶液的体积。重复平行标定 3 次。按下式计算 AgNO$_3$ 标准溶液的浓度。

$$c_{AgNO_3} = \frac{m_{NaCl}}{V_{AgNO_3} \times M_{NaCl}} \times 10^3$$

五、注意事项

(1) 配制 AgNO$_3$ 标准溶液的水应是无 Cl$^-$ 的,否则将产生白色浑浊,不能应用。

(2) AgNO$_3$ 标准溶液见光容易分解,应贮藏于棕色试剂瓶中,避免强光直射。

(3) 滴定后的废液应集中回收。

六、数据记录及处理

项目 \ 编号		1	2	3
基准物质称量记录 m/g	m_i			
	m_{i+1}			
	m			
滴定记录 V/mL	$V_终$			
	$V_初$			
	$V_消$			
浓度 $/(mol/L)$	c			
	$\bar{c}$			
精密度	d			
	$\bar{d}$			
	$R_{\bar{d}}$			

七、思考题

(1) $AgNO_3$ 滴定液应装在酸式滴定管还是碱式滴定管中？为什么？

(2) 配制 $AgNO_3$ 滴定液的容器用自来水洗后,若不用纯化水洗而直接用来配制 $AgNO_3$ 滴定液,将会出现什么现象？为什么？

(3) 有一稀盐酸与氯化钠的混合样品,若用 $AgNO_3$ 滴定液测定其中 Cl^- 的含量,能否以荧光黄为指示剂直接滴定？

八、讨论

实验6　自来水中氯含量的测定(铬酸钾指示剂法)

一、实验目的

(1) 进一步巩固硝酸银标准溶液的配制和标定方法。
(2) 学会用硝酸银滴定法测定水中氯化物含量。

二、基本原理

铬酸钾指示剂法(莫尔法)是在中性或弱碱性(pH＝6.5～10.5)溶液中,以铬酸钾为指示剂,用硝酸银滴定氯化物的方法。由于氯化银溶解度小于铬酸银溶解度,氯离子首先被沉淀出

来,硝酸银与铬酸盐产生砖红色沉淀,指示滴定终点。有关反应如下:

滴定反应 $\qquad Ag^+ + Cl^- \Longrightarrow AgCl \downarrow$(白色)

终点指示反应 $\qquad 2Ag^+ + CrO_4^{2-} \Longrightarrow Ag_2CrO_4 \downarrow$(砖红色)

在滴定终点时,硝酸银加入量略超过终点值,误差不超过 0.1%,可用空白值消除。

三、仪器和试剂

(1) 仪器:电子天平,棕色酸式滴定管,移液管,锥形瓶,量瓶。

(2) 试剂:NaCl,固体 $AgNO_3$,H_2SO_4(0.05 mol/L),NaOH(0.05 mol/L),酚酞指示剂,水样,铬酸钾指示剂。

四、实验步骤

1. 0.014 10 mol/L 的 NaCl 标准溶液的制备

准确称取基准物质 NaCl 8.240 0 g,溶于蒸馏水中,在容量瓶中稀释至 1 000 mL。用移液管取 10.00 mL,在容量瓶中准确稀释至 100 mL。此标准溶液 1.00 mL 含 0.500 mg 氯化物（Cl^-）。

2. 0.014 mol/L 的 $AgNO_3$ 溶液的制备

准确称取于 105℃烘干的 $AgNO_3$ 2.4 g 于小烧杯,加纯化水溶解后转移到 1 000 mL 的量瓶中,加纯化水稀释到 1 000 mL,混匀,置于棕色试剂瓶中待标定。

3. 0.014 mol/L 的 $AgNO_3$ 溶液的标定

准确移取 25.00 mL NaCl 标准溶液于 250 mL 锥形瓶中,加 50 mL 纯化水溶解,另取一锥形瓶,量取纯化水 50 mL 做空白试验。各加入 1 mL 铬酸钾溶液,在不断摇动下,用硝酸银溶液滴定至刚出现砖红色混浊即为终点。计算 $AgNO_3$ 溶液的准确浓度。

4. 自来水中氯含量的测定

准确移取 50.00 mL 水样或经过预处理的水样(若氯化物含量高,可取适量水样用蒸馏水稀释至 50 mL),置于锥形瓶中。加入 1 mL 铬酸钾溶液,用 $AgNO_3$ 溶液滴定至刚出现砖红色混浊即为终点,记录硝酸银体积 V_2(mL)。另取 50 mL 纯化水做空白试验,记录硝酸银体积 V_1(mL)。按下式计算氯化物的含量 ρ(mg/L):

$$\rho = \frac{c(AgNO_3) \cdot (V_2 - V_1) \cdot M(Cl^-)}{V_{水样}} \times 10^3$$

备注:水样 pH 为 6.5～10.5 时,可直接滴定。超出此酸度范围的水样,应以酚酞为指示剂,用 0.05 mol/L 硫酸溶液或 0.05 mol/L 氢氧化钠溶液调节。

五、注意事项

$AgNO_3$ 溶液见光容易分解,应贮藏于棕色试剂瓶中,避免强光直射。

六、数据记录及处理

(1) 计算 $AgNO_3$ 滴定液的准确浓度。

(2) 记录水样消耗 $AgNO_3$ 的体积 V_2 及空白试验消耗 $AgNO_3$ 的体积 V_1。并计算水样中氯化物的含量。

七、思考题

(1) 试样为酸性或碱性时,对测定有无影响? 应如何处理?
(2) 为什么在标定 $AgNO_3$ 时终点颜色要与测定 Cl^- 时颜色一致?

八、讨论

实验7　溴化钾含量的测定(铁铵矾指示剂法)

一、实验目的

(1) 掌握 KSCN 滴定液的配制和标定方法。
(2) 熟悉铁铵矾指示剂的变色原理。
(3) 进一步练习滴定操作。

二、基本原理

称取一定量的 KBr 试样溶解后,加入准确过量的 $AgNO_3$ 滴定液,使溶液中 Br^- 全部生成 AgBr 沉淀,再加入铁铵矾指示剂,用 KSCN 滴定液滴定剩余的 Ag^+,滴定反应为:

滴定反应　　　　　Ag^+(准确过量)$+Br^- \!\!=\!\!=\!\! AgBr \downarrow$

Ag^+(剩余量)$+SCN^- \!\!=\!\!=\!\! AgSCN \downarrow$

终点指示反应　　　$SCN^- + Fe^{3+} \!\!=\!\!=\!\! [Fe(SCN)]^{2+} \downarrow$(浅红色)

三、仪器和试剂

(1) 仪器:电子天平,称量瓶,滴定管,移液管,台秤,锥形瓶,量筒,烧杯,量杯,试剂瓶。
(2) 试剂:KSCN(AR),$AgNO_3$(0.1 mol/L),KBr(试样),(1:1)稀硝酸,硫酸铁铵指示剂。

四、实验步骤

1. KSCN 滴定液(0.1 mol/L)的配制与标定

(1) 配制:称取分析纯 KSCN 5.0 g,加纯化水溶解成 500 mL 溶液。转移至 500 mL 试剂瓶中待标定。

(2) 标定:精密吸取 $AgNO_3$ 滴定液(0.1 mol/L)25.00 mL 于 250 mL 锥形瓶中,加纯化水 50 mL,稀 HNO_3 2 mL,铁铵矾指示剂 2 mL。用待标定的 KSCN 溶液滴定至溶液显浅红色,经剧烈振摇后仍不褪色即为终点。平行滴定 3～4 次,根据滴定液的消耗量算出 KSCN 溶液的浓度。

2. KBr 试样的含量测定

精密称取 KBr 试样 3～4 份，每份约 0.2 g，分别置于锥形瓶中，各加 50 mL 纯化水溶解，再加入稀 HNO_3 2 mL、$AgNO_3$ 滴定液（0.1 mol/L）25.00 mL，混匀后再加入铁铵矾指示剂 2 mL，用 KSCN 滴定液消耗量，计算 KBr 的含量百分比。

$$c_{KSCN} = \frac{c_{AgNO_3} \times V_{AgNO_3}}{V_{KSCN}}$$

$$KBr(\%) = \frac{(c_{AgNO_3} \times V_{AgNO_3} - c_{KSCN} \times V_{KSCN}) \times M_{KBr} \times 10^{-3}}{S} \times 100\%$$

五、注意事项

（1）滴定应在酸性溶液中进行，既可防止 Fe^{3+} 水解，又可排除与 Ag^+ 反应的干扰离子（如 PO_4^{3-}、AsO_4^{3-}、CrO_4^{2-}、CO_3^{2-} 等），从而提高反应的选择性。

（2）在滴定过程中应充分振摇，使被沉淀吸附的 Ag^+ 释放出来，以防止终点提前出现，造成误差，接近终点时则应轻些。

（3）滴定中所用的 HNO_3 应是新煮沸冷却的。

（4）避免 $AgNO_3$ 见光分解，使用时避免跟皮肤接触，以免皮肤变黑。

六、数据记录及处理

（1）记录称取 KBr 试样的质量和消耗 $AgNO_3$、KSCN 滴定液的体积。

（2）计算 KSCN 滴定液的浓度和 KBr 的含量百分比。

（3）计算相对平均偏差。

七、思考题

（1）铁铵矾指示剂为什么要在 HNO_3 介质中进行？能否采用 HCl 或 H_2SO_4 溶液酸化溶液？

（2）指示剂中起作用的主要是 Fe^{3+}，能否用 $FeCl_3$ 或 $Fe(NO_3)_3$ 代替？

（3）为了提高分析结果的准确性，在滴定操作中应注意什么问题？

八、讨论

实验 8　生理盐水中氯化钠含量的测定（吸附指示剂法）

一、实验目的

（1）学会并掌握生理盐水中氯化钠含量的测定方法。

（2）理解吸附指示剂法的原理。

(3) 能根据吸附指示剂的颜色变化来确定终点。

(4) 进一步巩固滴定分析基本操作。

二、基本原理

用 $AgNO_3$ 滴定液(配制方法见实验5)测定生理盐水中氯化钠的含量,用荧光黄作为指示剂,在化学计量点前,溶液中 Cl^- 过量,生成的 AgCl 胶状沉淀首先吸附 Cl^- 使沉淀表面带负电荷($AgCl \cdot Cl^-$),由于同性电荷相斥,荧光黄阴离子没有被吸附,呈黄绿色。但到计量点后,溶液中 Ag^+ 稍过量时(半滴),溶液中就有过量的 Ag^+,这时生成的 AgCl 胶状沉淀吸附 Ag^+ 使沉淀表面带正电荷($AgCl \cdot Ag^+$),此时吸附荧光黄阴离子,引起其结构变化,颜色由黄绿色转变为淡红色,变色过程如下:

$$(AgCl) \cdot Ag^+ + FIn^- \Longrightarrow (AgCl) \cdot Ag^+ \cdot FIn^-$$
$$\text{(黄绿色)} \qquad\qquad\qquad \text{(淡红色)}$$

为了防止 AgCl 胶体的凝聚,滴定前加入糊精溶液,使 AgCl 保持胶状且具有较大的表面积,增大吸附能力,终点变色敏锐。

三、仪器和试剂

(1) 仪器:移液管,棕色滴定管,锥形瓶,量筒。

(2) 试剂:$AgNO_3$(0.1 mol/L)标准溶液,生理盐水,2%的糊精溶液,荧光黄指示剂(0.1%乙醇溶液)。

四、实验步骤

用移液管准确量取 10.00 mL 生理盐水试样于 250 mL 锥形瓶中,加 40 mL 纯化水,加 5 mL 2%的糊精溶液,加 5~8 滴荧光黄指示剂,用 $AgNO_3$(0.1 mol/L)标准溶液滴定至混浊液由黄绿色转变为淡红色,即为终点,记下消耗 $AgNO_3$ 标准溶液的体积。重复平行测定 3 次。按下式计算生理盐水中氯化钠浓度:

$$\text{生理盐水浓度(g/mL)} = \frac{c_{AgNO_3} V_{AgNO_3} M_{NaCl} \times 10^{-3}}{10.00} \times 100\%$$

五、注意事项

(1) 滴定前先加入糊精溶液保护胶体。

(2) 胶体微粒对指示剂离子的吸附能力应略小于对被测离子的吸附能力。即当滴定稍过化学计量点时,胶粒就能立即吸附指示剂阴离子而变色。故本法只能选用荧光黄,否则将引起误差。

(3) 溶液的 pH 值应控制在中性或弱碱性(pH7~10),避免生成氧化银沉淀。

(4) 滴定操作应避免在强光下进行,否则卤化银感光分解析出金属银,使沉淀变成灰色或黑灰色,即影响终点观察,又会造成正误差。

六、数据记录及处理

项目 \ 编号	1	2	3
生理盐水的体积/mL	10.00	10.00	10.00
消耗 AgNO₃ 溶液的体积 V/mL			
生理盐水的浓度/(g/mL)			
生理盐水的平均浓度/(g/mL)			
相对平均偏差			
是否符合要求			

注:根据《中国药典》,生理盐水中氯化钠(NaCl)含量应为 0.85%～0.95%(g/mL)。

七、思考题

(1) 用吸附指示剂法测定 NaBr 的含量时应选用何种吸附指示剂? 为什么?

(2) 滴定前为什么要加糊精溶液? 能否用淀粉溶液代替?

(3) 用吸附指示剂法测定试样中氯含量时,对滴定溶液的酸度有何限制? 酸度过高或过低可以吗? 为什么?

八、讨论

实验 9　EDTA 标准溶液的配制和标定(配位滴定法)

一、实验目的

(1) 学习 EDTA 标准溶液的配制和标定方法。

(2) 掌握配位滴定的原理,了解配位滴定的特点。

二、基本原理

乙二胺四乙酸(简称 EDTA,常用 H_4Y 表示)难溶于水,22℃时其溶解度为 0.02 g/100 g 水(约 0.0005 mol·L⁻¹),在分析中不适用,而通常使用的是其二钠盐(22℃时的溶解度为 11.1 g/100 g 水,约 0.3 mol·L⁻¹),也简称 EDTA。通常先配制成大致浓度的溶液,然后再根据测定对象的不同,使用不同的基准试剂,对 EDTA 溶液的浓度进行标定。

标定 EDTA 溶液常用的基准物有 Zn、ZnO、CaCO₃、Bi、Cu、MgSO₄·7H₂O、Hg、Ni、Pb 等。通常选用其中与被测组分相同的物质作基准物。这样,滴定条件一致,可减少误差。

三、仪器和试剂

(1) 仪器:酸式滴定管(25 mL),锥形瓶(250 mL),量筒,量瓶。

（2）试剂：稀盐酸，0.025％甲基红的乙醇液，氨试液，氨-氯化铵缓冲液，铬黑 T 指示剂。

四、实验步骤

1. EDTA 滴定液（0.1 mol/L）的配制

称取乙二胺四醋酸二钠盐（$Na_2H_2Y \cdot 2H_2O$）19 g，加适量的水使溶解成 1 000 mL，摇匀。

2. 标定过程

取于 800℃ 灼烧至恒重的基准氧化锌约 0.09 g，精密称定，加稀盐酸 3 mL 使溶解，加水 25 mL，加 0.025％甲基红的乙醇溶液 1 滴，滴加氨试液至溶液显微黄色，加水 25 mL 与氨-氯化铵缓冲液（pH = 10.0）10 mL，再加铬黑 T 指示剂少量（米粒大小），用本液滴定至溶液由紫色变为纯蓝色，并将滴定的结果用空白试验校正。每 1 mL 乙二胺四醋酸二钠滴定液（0.05 mol/L）相当于 4.069 mg 的氧化锌。根据本液的消耗量与氧化锌的取用量，算出本液的浓度，即得。

$$c(\text{EDTA}) = \frac{M_{\text{ZnO}} \times 10^3}{V_{\text{EDTA}} M_{\text{ZnO}}}$$

五、注意事项

（1）EDTA 溶解较慢，可先用温水溶解再稀释，应储存在硬质玻璃瓶中，长期保存时应用聚乙烯塑料瓶。

（2）配位反应速度不像酸碱反应那样瞬时完成，故滴定时加入 EDTA 溶液的速度不能太快，特别是近终点时，应逐滴加入，且充分旋摇。

（3）配位滴定中加入指示剂的量是否适当，对正确判断终点变化很重要，此应在实践中逐渐认识并加以掌握。

六、数据记录及处理

项 目	编 号	1	2	3
基准物质称量记录 m/g	m_i			
	m_{i+1}			
	m			
滴定记录 V/mL	$V_终$			
	$V_初$			
	$V_消$			
浓度 /(mol/L)	c			
	$\bar{c}$			
精密度	d			
	$\bar{d}$			
	$R_{\bar{d}}$			

七、思考题

（1）与酸碱滴定法相比,配位滴定法的操作有什么不同的地方？操作中应注意哪些问题？

（2）配位滴定过程中为什么一般需加入缓冲溶液？

（3）为什么用 EDTA 二钠盐而不是用 EDTA 酸来配制标准溶液？

八、讨论

实验 10　水的总硬度的测定（配位滴定法）

一、实验目的

（1）了解配位滴定法测定水硬度的原理和方法。

（2）掌握水硬度的计算。

二、基本原理

常水中较多的钙盐和镁盐,所以称为硬水,其中钙、镁离子含量用硬度表示。水的硬度包括永久硬度和暂时硬度。在水中以碳酸氢盐存在的钙、镁盐,加热后被分解,析出沉淀而除去。这类盐形成的硬度成为暂时硬度。

$$Ca(HCO_3)_2 \xrightarrow{\text{加热}} CaCO_3 \downarrow + H_2O + CO_2 \uparrow$$

而钙、镁的硫酸盐或氯化物等所形成的硬度称为永久硬度。

常水用作锅炉用水,经常要进行硬度分析,测定水的总度就是测定水中钙、镁的总量。

在 pH = 10 时,以铬黑 T 为指示剂,用 0.01 mol/L 的 EDTA 标准溶液直接滴定水中的 Ca^{2+}、Mg^{2+}。

滴定前
$$\begin{matrix} Ca^{2+} \\ Mg^{2+} \end{matrix} + HIn \rightleftharpoons \begin{matrix} CaIn^- \\ MgIn^- \end{matrix} + H^+$$

终点时
$$MgIn^- + H_2Y^{2-} \rightleftharpoons MgY^{2-} + HIn^{2-} + H^+$$
$$\text{（紫红色）} \qquad\qquad \text{（纯蓝色）}$$

表示硬度常用两种方法:

（1）将测得的 Ca^{2+}、Mg^{2+} 以每升溶液中含 CaO 的毫克数表示硬度,1 mg CaO/L 可写作 1 ppm。

（2）将测得的 Ca^{2+}、Mg^{2+} 折算为 CaO 的质量。以每升水中含 10 mg CaO 为 1°（德国度）表示硬度。

三、仪器和试剂

（1）仪器:酸式滴定管（25 mL）,锥形瓶（250 mL）,量筒,量瓶。

(2) 试剂:0.05 mol/LEDTA 溶液,铬黑 T 指示剂,氨-氯化铵缓冲溶液。

四、实验步骤

1. EDTA 滴定液(0.01 mol/L)的配制

0.05 mol/LEDTA 溶液的配制:精密移取 0.05 mol/LEDTA 标准溶液 20 mL,稀释至 100 mL 容量瓶中,摇匀。

2. 水的硬度测定

量取水样 100 mL 于锥形瓶中,加氨-氯化铵缓冲溶液 5 mL,铬黑 T 指示剂少许(约 0.1 g),用 0.01 mol/LEDTA 标准溶液滴定至溶液由紫红色变为纯蓝色,即为终点,记录所消耗 EDTA 标准溶液的体积。平行测定三次。

五、注意事项

(1) 当水的硬度较大时,在 pH = 110 附近会析出 $MgCO_3$、$CaCO_3$ 沉淀使溶液变浑浊,常出现"返回"现象,使终点难以确定,滴定的重复性差。此时可于滴定前先将溶液进行酸度调节,以避免沉淀出现,步骤如下:

量取水样 100 mL 置于锥形瓶中,投入一小块刚果红试纸,用盐酸(6 mol/L)酸化至试纸变蓝色,振摇 2 min,然后从加缓冲溶液开始依法操作。

(2) 当水的硬度大于 280 mg/L(以 CaO 计),应适当减少取样量。

(3) 滴定时,因反应速度较慢,在接近终点时,标准溶液慢慢加入,并充分摇动。

六、数据记录及处理

项 目 \ 编 号	1	2	3
EDTA 终体积/mL			
EDTA 初体积/mL			
$V(EDTA)$/mL			

结果计算:

计算水的硬度($M(ZnO) = 56.08$)。

$$硬度 = V(EDTA) \times 56.08 \times 10 (mg/L)$$

或

$$硬度 = V(EDTA) \times 56.08 (度)$$

七、思考题

(1) 什么叫水的硬度? 硬度有哪几种表示方法?

(2) 为什么测定水的硬度时,要用 0.01 mol/L 的 EDTA 溶液?

(3) 若只测定水中的 Ca^{2+},应选择何种指示剂? 如何控制测定条件?

(4) 水的硬度较大时滴定会出现什么情况? 如何防止?

八、讨论

实验 11 明矾的含量测定（配位滴定法）

一、实验目的

（1）掌握配位滴定法中剩余滴定法的应用。

（2）了解 EDTA 滴定铝盐的特点。

二、基本原理

明矾的测定一般都测定其组成中铝的含量，然后换算成明矾 $[KAl(SO_4)_2 \cdot 12H_2O]$ 的含量。

Al^{3+} 与 EDTA 的配位反应速率缓慢，Al^{3+} 对二甲基酚橙指示剂有封闭作用，当酸度不高时，Al^{3+} 易水解形成多种多羟基配合物。因此 Al^{3+} 的测定采用剩余滴定法。即先加入过量的 EDTA 标准溶液，煮沸使反应完全。冷却后，调节 pH5～6，加入二甲基酚橙指示剂，用 Zn^{2+} 标准溶液滴定过量的 EDTA。回滴时常用二甲酚橙（XO）为指示剂。控制溶液的酸度在 pH < 6.3。终点时溶液由黄色转变为紫红色。

三、仪器和试剂

（1）仪器：酸式滴定管（25 mL），锥形瓶（250 mL），移液管，烧杯，量瓶。

（2）试剂：$ZnSO_4$，EDTA 标准溶液（0.05 mol/L），稀盐酸，甲基红指示液（0.025%），铬黑 T 指示剂，$NH_3 \cdot H_2O - NH_4Cl$ 缓冲溶液，HAc - NaAc 缓冲溶液，二甲酚橙指示剂（0.2%）。

四、实验步骤

1. $ZnSO_4$ 标准溶液（0.05 mol/L）的配制与标定

取 $ZnSO_4$ 15 g，加稀盐酸 10 mL 与适量的纯化水溶解成 1 000 mL，摇匀，即得。

量取 25.00 mL 上述溶液，加甲基红指示液 1 滴，滴加氨试液至溶液呈微黄色，加水 25 mL、$NH_3 \cdot H_2O - NH_4Cl$ 缓冲液（pH = 10.0）10 mL 和铬黑 T 指示剂 3 滴，用 EDTA 标准溶液（0.05 mol/L）滴定至溶液由紫红色变为纯蓝色，即为终点。计算 $ZnSO_4$ 标准溶液的浓度。

2. 明矾的测定

精确称取明矾试样约 1.4 g 置于 50 mL 烧杯中，用适量水溶解，定量转移至 100 mL 容量瓶中，稀释至刻度，摇匀。精确吸取 25.00 mL 于 250 mL 锥形瓶中，加纯化水 25 mL，准确加入 EDTA 标准溶液（0.05 mol/L）25.00 mL，在沸水浴中加热 10 min，冷却至室温，再加水 100 mL 及 HAc - NaAc 缓冲溶液（pH = 6.0）5 mL，二甲酚橙指示剂 4～5 滴，用 $ZnSO_4$ 标准溶液（0.05 mol/L）滴定至溶液由黄色变为橙色即为终点。计算明矾的含量。

五、注意事项

（1）试样溶于水后，会因溶解缓慢而显浑浊，在加入过量 EDTA 标准溶液并加热后，即可溶解，故不影响测定。

（2）加热促进 Al^{3+} 与 EDTA 的配位反应加速，一般在沸水浴中加热 3 min，配位反应程度可达 99%，为使反应完全，加热 10 min。

（3）在 pH < 6.3 时，游离二甲酚橙呈黄色，滴定至终点时，微过量的 Zn^{2+} 与部分二甲酚橙配位成红紫色，黄色与红紫色组成橙色，故滴定终点以橙色为准。

六、数据记录及处理

项　目　＼　编　号	1	2	3
$ZnSO_4$ 标准溶液/mL	25.00	25.00	25.00
EDTA 终体积/mL			
EDTA 初体积/mL			
$V(EDTA)$/mL			
$c(ZnSO_4)$			
$m_{明矾}$＋称量瓶/g			
$m'_{明矾}$＋称量瓶/g			
$m_{明矾}$/g			
$ZnSO_4$ 终体积/mL			
$ZnSO_4$ 初体积/mL			
$V(ZnSO_4)$/mL			

计算 $ZnSO_4$ 标准溶液浓度：

$$c(ZnSO_4) = \frac{c(EDTA) \cdot V(EDTA)}{V(ZnSO_4)}$$

计算明矾的质量分数 $[M(KAl(SO_4)_2 \cdot 12H_2O) = 474.2]$：

$$w(明矾) = \frac{[c(EDTA)V(EDTA) - c(ZnSO_4)V(ZnSO_4)] \times M(KAl(SO_4)_2 \cdot 12H_2O)}{1\,000 \times m(样品) \times (25/100)} \times 100\%$$

七、思考题

（1）能否用 EDTA 标准溶液直接测定明矾的含量？

（2）明矾测定中为什么要加入 HAc‐NaAc 缓冲溶液？

（3）此测定能用铬黑 T 为指示剂吗？

八、讨论

实验 12　硫代硫酸钠滴定液的配制与标定

一、实验目的

(1) 掌握硫代硫酸钠滴定液的配制和标定方法。

(2) 了解反应条件对氧化还原反应的影响。

(3) 学会使用淀粉指示剂判断滴定终点。

(4) 学会正确使用碘量瓶。

二、基本原理

$Na_2S_2O_3 \cdot 5H_2O$ 一般都含有少量杂质，如 S、Na_2SO_3、Na_2SO_4、Na_2CO_3 及 NaCl 等，同时还容易风化和潮解，因此不能直接配制成准确浓度的溶液，只能是配制成近似浓度的溶液，然后再标定。

$Na_2S_2O_3$ 溶液不稳定，易受空气、微生物等的作用而分解，所以配成溶液后，浓度仍有所改变。首先 $Na_2S_2O_3$ 与溶解的 CO_2 的作用，$Na_2S_2O_3$ 在中性或碱性溶液中较稳定，当 $pH < 4.6$ 时，溶液含有的 CO_2 将其分解：

$$Na_2S_2O_3 + H_2CO_3 = NaHSO_3 + NaHCO_3 + S\downarrow$$

此分解作用一般发生在溶液配制后的最初 10 天内。由于分解后一分子 $Na_2S_2O_3$ 变成了一分子 $NaHSO_3$，一分子 $Na_2S_2O_3$ 和一个碘原子作用，而一分子 $NaHSO_3$ 能和两个碘原子作用，因此从反应能力看溶液浓度增加了（以后由于空气的氧化作用浓度又慢慢减少）。在 pH 值 9～10 间硫代硫酸盐溶液最为稳定，如在 $Na_2S_2O_3$ 溶液中加入少量的 Na_2CO_3 时，很有好处。

其次是空气的氧化作用：

$$2Na_2S_2O_3 + O_2 \longrightarrow 2Na_2SO_4 + 2S\downarrow$$

使 $Na_2S_2O_3$ 的浓度降低。

微生物的作用是使 $Na_2S_2O_3$ 分解的主要因素：

$$S_2O_3^{2-} + H^+ \longrightarrow HS_2O_3^- \longrightarrow HSO_3^- + S\downarrow$$

为了减少溶解在水中的 CO_2 和杀死水中的微生物，应用新煮沸后冷却的蒸馏水配制溶液并加入少量的 Na_2CO_3，使其浓度约为 0.02%，以防止 $Na_2S_2O_3$ 分解。

日光能促使 $Na_2S_2O_3$ 溶液分解，所以 $Na_2S_2O_3$ 溶液应贮存棕色瓶中，放置暗处，经 7～14 天后再标定。长期使用时，应定期标定，一般是两个月标定一次。

通常用 $K_2Cr_2O_7$ 作为基准物质标定 $Na_2S_2O_3$ 溶液的浓度，其标定反应如下：

$$Cr_2O_7^{2-} + 6I^- + 14H^+ \rule[0.5ex]{1em}{0.4pt}\rule[-0.2ex]{0pt}{1ex} 2Cr^{3+} + 3I_2 + 7H_2O$$

$$2S_2O_3^{2-} + I_2 \rule[0.5ex]{1em}{0.4pt}\rule[-0.2ex]{0pt}{1ex} S_4O_6^{2-} + 2I^-$$

三、仪器和试剂

(1) 仪器：电子天平,碘量瓶,滴定管,锥形瓶,小烧杯。

(2) 试剂：$Na_2S_2O_3 \cdot 5H_2O$(固体),Na_2CO_3(固体),$K_2Cr_2O_7$(AR),KI(固体),6 mol/L 淀粉指示剂,稀硫酸。

四、实验步骤

1. 硫代硫酸钠(0.1 mol/L)滴定液的配制

称取 13 g $Na_2S_2O_3 \cdot 5H_2O$,0.1 g Na_2CO_3,用新煮沸冷却的纯化水溶解并稀释至 500 mL,摇匀,暗处放置7～14天后,过滤。

2. 硫代硫酸钠(0.1 mol/L)滴定液的标定

精确称取在120℃干燥至恒重的基准重铬酸钾0.15 g,置碘量瓶中,加纯化水 50 mL 使其溶解,加碘化钾 2.0 g,轻轻振摇使其溶解,加稀硫酸 40 mL,密塞;置暗处放置 10 min 后,加纯化水 250 mL 稀释,用 $Na_2S_2O_3$ 滴定液滴定至近终点(浅黄绿色)时,加入淀粉指示剂 3 mL,继续滴定至终点(蓝色消失而显亮绿色),5 min 内不返蓝。平行测定3份。

五、注意事项

(1) 加液顺序应为：水→KI→酸。

(2) 因为 I_2 容易挥发损失,在反应过程中要及时盖好碘量瓶瓶盖,并放置暗处。第一份滴定完后,再取出下一份。

(3) 淀粉指示剂不能加入过早,否则大量的 I_2 与淀粉结合成蓝色物质,而难于很快地与 $Na_2S_2O_3$ 反应,使终点延后,产生误差。

(4) 滴定结束后,溶液放置后可能会返蓝,若在 5 min 内返蓝,说明重铬酸钾与碘化钾作用不完全,实验应重做。若在 5 min 后返蓝,那是因为空气氧化所致,对实验结果没有影响。

六、数据记录及处理

编　号 项　目	1	2	3
$Na_2S_2O_3$ 终体积/mL			
$Na_2S_2O_3$ 初体积/mL			
$Na_2S_2O_3$ 消耗体积/mL			
$Na_2S_2O_3$ 浓度/(mol/L)			

（续表）

编号 项 目	1	2	3
$Na_2S_2O_3$ 平均浓度 $\bar{c}$/(mol/L)			
平均偏差			
相对平均偏差			

按下式计算 $Na_2S_2O_3$ 溶液的浓度：

$$c(Na_2S_2O_3) = 6 \times \frac{m(K_2Cr_2O_7) \times 10^3}{V(Na_2S_2O_3) \cdot M(K_2Cr_2O_7)}$$

七、思考题

（1）本实验采用的是间接碘量法中的哪种滴定方式？

（2）配制 $Na_2S_2O_3$ 溶液时为什么要加入 Na_2CO_3？为什么要用新煮沸冷却的纯化水？

（3）碘量瓶中的溶液在暗处放置 10 min 后，取出滴定前为何要加大量纯化水稀释？如果稀释过早，会产生什么后果？

（4）间接碘量法中，加入过量 KI 的目的是什么？

（5）碘量法误差的来源有哪些？应如何避免？

八、讨论

实验 13　维生素 C 含量的测定（直接碘量法）

一、实验目的

（1）掌握碘标准溶液的配制和标定方法。

（2）了解直接碘量法测定维生素 C 的原理和方法。

二、基本原理

维生素 C 又称抗坏血酸，分子式为 $C_6H_8O_6$。维生素 C 分子结构中的连二烯醇基具有较强的还原性，在酸性溶液中，被碘定量地氧化，因此，可以用碘量法直接测定药片、注射液、饮料、蔬菜、水果等中的维生素 C 含量。

由于维生素 C 的还原性很强，较易被溶液和空气中的氧氧化，在碱性介质中，这种氧化作用更强。因此滴定宜在酸性介质中进行，以减少副反应的发生。但在强酸性溶液中 I^- 易被氧化，故一般选在 pH 为 3~4 的弱酸性溶液中进行滴定。

三、仪器和试剂

（1）仪器：台秤，研钵，移液管，滴定管，锥形瓶。

（2）试剂：固体 I_2，KI 固体，$Na_2S_2O_3$ 标准溶液，维生素 C 药片，稀醋酸（2 mol/L），0.2％淀粉溶液。

四、实验步骤

1. 碘滴定液（0.05 mol/L）的配制与标定

称取 3.3 g 固体 I_2 和 5 g 的 KI 固体，置于研钵中，加少量水在通风橱中研磨。待 I_2 全部溶解后，将溶液转入棕色试剂瓶中，加水稀释至 250 mL，充分摇匀，放暗处保存。

用移液管取 25.00 mL $Na_2S_2O_3$ 标准溶液于 250 mL 锥形瓶中，加 50 mL 蒸馏水，5 mL 0.2％淀粉溶液，然后用 I_2 溶液滴定至呈浅蓝色，30 s 内不褪色即为终点。重复平行标定 3 次，计算 I_2 溶液的浓度。

2. 维生素 C 含量的测定

减量法准确称取 0.2 g 研碎了的维生素 C 药片，置于 250 mL 锥形瓶中，加入 100 mL 新煮沸并冷却的蒸馏水，10 mL 2 mol/L 的 HAc 溶液和 5 mL 0.2％ 淀粉溶液，立即用 I_2 标准溶液滴定至出现稳定的浅蓝色，且 30 s 内不褪色即为终点，记下消耗的 I_2 溶液的体积。重复平行滴定 3 次，计算试样中维生素 C 的质量分数。

$$w(V_C) = \frac{c(I_2) \cdot V(I_2) \cdot M(C_6H_8O_6)}{m_{样} \times 1\,000} \times 100\%$$

五、注意事项

（1）I_2 具有挥发性，取后应立即盖好瓶塞。

（2）加入稀醋酸是为了使溶液维持一个适当的 pH 值，减缓氧气对其的氧化作用。

（3）滴定时，快滴慢摇，减少空气中的氧气与维生素 C 的接触，接近终点时，应充分振摇并放慢滴定速度。

（4）注意节约碘液，淌洗滴定管或未滴完的碘液应倒入回收瓶中。

六、数据记录及处理

1. I_2 溶液的标定

项 目	编 号	1	2	3
I_2 溶液滴定记录 V/mL	$V_{终}$			
	$V_{初}$			
	$V_{消}$			
I_2 溶液浓度 c/(mol/L)				
I_2 平均浓度 $\bar{c}$/(mol/L)				
平均偏差				
相对平均偏差				

2. 维生素C含量的测定

项目 \ 编号		1	2	3
维生素C 称量记录 m/g	m_1			
	m_2			
	m			
I_2 溶液 滴定记录 V/mL	$V_终$			
	$V_初$			
	$V_消$			
维生素C的含量				
维生素C含量的平均值				
平均偏差				
相对平均偏差				

七、思考题

(1) 配制 I_2 溶液时,加入过量 KI 的作用是什么?

(2) 维生素C固体试样溶解时为何要加入新煮沸并冷却的蒸馏水?

八、讨论

实验 14　加碘盐中碘的含量测定(间接碘量法)

一、实验目的

(1) 学会用间接碘量法测定加碘盐中碘的含量。

(2) 学会用淀粉指示剂指示间接碘量法滴定终点和碘量瓶的使用。

(3) 巩固容量瓶、滴定管、移液管的基本操作。

二、基本原理

加碘盐中碘以碘酸盐形式存在。在酸性条件下,加入过量的碘化钾与碘酸盐反应析出碘,以淀粉为指示剂,用硫代硫酸钠标准溶液滴定。反应如下:

$$IO_3^- + 5I^- + 6H^+ \rlap{=}{=} 3I_2 + 3H_2O$$

$$2S_2O_3^{2-} + I_2 \rlap{=}{=} S_4O_6^{2-} + 2I^-$$

近终点时,加入淀粉指示剂,溶液显深蓝色,继续滴定至深蓝色刚好消失即为终点。

三、仪器和试剂

（1）仪器：电子天平，碘量瓶，滴定管，锥形瓶，烧杯，容量瓶，量筒，移液管。

（2）试剂：$Na_2S_2O_3$ 标准溶液（0.002 mol/L），KI（10%），H_2SO_4（2 mol/L），淀粉指示剂（0.5%），加碘盐样品。

四、实验步骤

称取 25 g 加碘盐样品（准确至 0.01 g），置于烧杯中加 50 mL 蒸馏水溶解，转移至 100 mL 容量瓶中，定容，摇匀。

准确移取上述溶液 25.00 mL 于 250 mL 碘量瓶中，加 1 mL 2 mol/L H_2SO_4 和 5 mL 10% KI，密封后，置于暗处放置 10 min，再用 0.002 mol/L $Na_2S_2O_3$ 标准溶液滴定至溶液呈浅黄色，加入 1 mL 0.5% 淀粉指示剂，继续滴定至深蓝色消失为终点。平行测定 3 次。

五、注意事项

（1）因为 I_2 容易挥发损失，在反应过程中要及时盖好碘量瓶瓶盖，并放置暗处。第一份滴定完后，再取出下一份。

（2）淀粉指示剂不能加入过早，否则大量的 I_2 与淀粉结合成蓝色物质，而难于很快地与 $Na_2S_2O_3$ 反应，使终点延后，产生误差。

六、数据记录及处理

项 目	编 号	1	2	3
加碘盐称量记录 m/g	m_1			
	m_2			
	m			
$Na_2S_2O_3$ 滴定记录 V/mL	$V_{终}$			
	$V_{初}$			
	$V_{消}$			
加碘盐中碘含量				
加碘盐中碘含量的平均值				
平均偏差				
相对平均偏差				

按下式计算加碘盐中碘的含量：

$$w(I) = \frac{1}{6} \times \frac{c(Na_2S_2O_3) \cdot V(Na_2S_2O_3) \cdot M(I) \times 10^{-3}}{m_S \times \frac{25.00}{100.00}} \times 100\%$$

七、思考题

（1）加入碘化钾的作用是什么？为什么加入碘化钾要过量，如果量不足，对实验结果有何影响？

（2）"密封，暗处放置 10 min"，应如何操作？

（3）为什么要在近终点时才加入指示剂？

八、讨论

实验 15　KMnO₄ 溶液的标定及 H₂O₂ 含量测定（高锰酸钾法）

一、实验目的

（1）掌握 KMnO₄ 溶液的配制及标定过程，了解自动催化反应。

（2）掌握 KMnO₄ 法测定 H₂O₂ 的原理及方法。

（3）对 KMnO₄ 自身指示剂的特点有所体会。

二、基本原理

过氧化氢在工业、生物、医药等方面有着广泛的应用，因此，实际操作中常需测定它的含量。采用 KMnO₄ 法测定 H₂O₂ 含量时，常在稀硫酸溶液中用 KMnO₄ 标准溶液直接滴定。滴定反应为

$$5H_2O_2 + 2MnO_4^- + 6H^+ == 2Mn^{2+} + 5O \uparrow + 8H_2O$$

开始时反应速率缓慢，待反应产物 Mn^{2+} 生成后，由于 Mn^{2+} 的催化作用，加快了反应速率，故能顺利地滴定到呈现稳定的微红色为终点，因而称为自动催化反应。稍过量的滴定剂（2×10^{-6} mol/L）本身的紫红色即可显示终点。

KMnO₄ 标准溶液用标定法配制，常在稀硫酸溶液中，在 75～85℃ 下，用 Na₂C₂O₄ 为基准物质，标定其浓度。标定反应式为：

$$5C_2O_4^{2-} + 2MnO_4^- + 16H^+ == 2Mn^{2+} + 10CO_2 \uparrow + 8H_2O$$

上述标定反应也是自动催化反应，滴定过程中应注意反应时的酸度，温度及滴定速度。

三、试剂和仪器

（1）仪器：滴定管，锥形瓶，移液管，洗耳球，量筒。

（2）试剂：3 mol/L H₂SO₄ 溶液、Na₂C₂O₄ 基准物质（在 105℃ 干燥 2 h 后备用）、0.02 mol/L KMnO₄ 溶液，H₂O₂ 试液（3%）。

四、实验步骤

1. KMnO₄ 溶液的配制

称取 KMnO₄ 固体 1.6 g，溶于 500 mL 水中，盖上表面皿，加热至沸并保持微沸状态 20～

30 min(随时加水以补充因蒸发而损失的水)。冷却后,用微孔玻璃漏斗(3 号或 4 号)过滤。滤液储存于棕色试剂瓶中。将溶液在室温下静置 2～3 天后过滤备用。

2. KMnO₄ 溶液的标定

在称量瓶中以减量法准确称取 $Na_2C_2O_4$ 三份,每份 $0.15～0.20$ g,分别倒入 250 mL 锥形瓶中,加入 30 mL 蒸馏水及 10 mL H_2SO_4,溶解后水浴加热至 75～85℃,趁热用待标定的 KMnO₄ 溶液滴定。开始滴定时反应速度慢,待溶液中产生了 Mn^{2+} 后,滴定速度可加快,直至溶液呈现微红色并持续半分钟不褪色即为终点。数据记录见表 1,计算 KMnO₄ 溶液的浓度。

3. H_2O_2 含量的测定

精密量取 3‰ H_2O_2 样品 1 mL 于锥形瓶中,置于贮有 20 mL 蒸馏水的锥形瓶中,加 3 mol/L 的 H_2SO_4 溶液 10 mL,用 KMnO₄ 标准溶液滴定至溶液由无色刚好转变为淡红色,30 s 不褪色,即为终点。作为三次平行测定。

开始滴定时反应速度慢,待溶液中产生了 Mn^{2+} 后,滴定速度可加快。数据记录见表 2,计算试液中 H_2O_2 的含量,结果以 g/mL 表示。

五、注意事项

(1) H_2O_2 取样量少,应特别注意减少取样误差。

(2) 加热至 75～85℃,该温度不需要用温度计去测量,只需要观察到锥形瓶内液体有冒烟现象即可进行滴定。

(3) 滴定时锥形瓶较热,特别是瓶口有蒸汽冒出,注意烫伤。

六、数据处理

表 1　KMnO₄ 标准溶液的标定

项　目	编　号	1	2	3
基准物质称量记录 m/g	m_i			
	m_{i+1}			
	m			
滴定记录 V/mL	$V_终$			
	$V_初$			
	$V_消$			
浓度 /(mol/L)	c			
	$\bar{c}$			
精密度	d			
	$\bar{d}$			
	$R_{\bar{d}}$			

表 2　H₂O₂ 含量的测定

项　目	编　号	1	2	3
滴定记录 V/mL	$V_终$			
	$V_初$			
	$V_清$			
H₂O₂ 含量	w			
	$\bar{w}$			
精密度	d			
	$\bar{d}$			
	$R_{\bar{d}}$			

结果计算

（1）按下式计算 KMnO₄ 溶液的浓度：

$$c(\mathrm{KMnO_4}) = \frac{2m(\mathrm{Na_2C_2O_4}) \times 10^3}{5M(\mathrm{Na_2C_2O_4}) \cdot V(\mathrm{KMnO_4})}(\mathrm{mol/L})$$

（2）按下式计算 H₂O₂ 的含量：

$$\mathrm{H_2O_2}\% = \frac{5(c \cdot V)_{\mathrm{KMnO_4}} \cdot M_{\mathrm{H_2O_2}} \times 10^{-3}}{2V_{\mathrm{S}}} \times 100\%(\mathrm{g/mL})$$

七、思考题

（1）为什么配制 KMnO₄ 溶液需要煮沸一定时间并放置数天？过程中还要用微孔玻璃漏斗过滤，试问能否用定量滤纸过滤？为什么？

（2）用 Na₂C₂O₄ 标定 KMnO₄ 溶液时，为什么开始滴入的 KMnO₄ 紫色消失缓慢？后来却消失得越来越快，直至滴定终点时出现稳定的紫红色？

（3）用 KMnO₄ 法测定 H₂O₂ 时，能否用 HNO₃、HCl 或 HAc 控制酸度？为什么？

（4）配制 KMnO₄ 溶液时，过滤后的滤器上粘附的物质是什么？应选用什么物质清洗干净？

（5）H₂O₂ 有哪些重要性质，使用时应注意些什么？

八、讨论

实验 16　高氯酸滴定液的配制与标定

一、实验目的

（1）理解非水溶液酸碱滴定法的原理。

(2) 掌握配制和标定高氯酸滴定液的基本操作。

(3) 熟悉结晶紫指示剂指示终点的方法。

二、基本原理

常见的无机酸在冰醋酸中以高氯酸的酸性最强,并且高氯酸的盐易溶于有机溶剂,故在非水溶液酸碱滴定中常用高氯酸作为滴定碱的滴定液,采用间接法配制。用邻苯二甲酸氢钾为基准物,结晶紫为指示剂,标定高氯酸滴定液。根据邻苯二甲酸氢钾的质量和消耗高氯酸滴定液的体积,便可求得高氯酸滴定液的浓度。其滴定反应为:

由于溶剂和指示剂要消耗一定量的滴定液,故需做空白试验校正。

三、仪器和试剂

(1) 仪器:半微量滴定管(10 mL),锥形瓶(50 mL),天平,量杯(10 mL)

(2) 试剂:高氯酸(A·R 70%~72% 密度1.75),醋酐(A·R 97% 密度1.08),醋酸(A·R),邻苯二甲酸氢钾(基准物),结晶紫指示剂(0.5%的冰醋酸溶液)

四、实验步骤

1. 高氯酸滴定液(0.1 mol/L)的配制

取无水冰醋酸(按含水量计算,每1 g水加醋酐5.22 mL)750 mL,加入高氯酸8.5 mL,摇匀,在室温下缓缓滴加醋酐23 mL,边加边摇,加完后再振摇均匀,放冷,再加无水醋酸适量使溶液为1 000 mL,摇匀,放置24 h。若所测供试品易乙酰化,则需用水分测定法测定本液的含水量,再用水和醋酐调节至本液的含水量至0.01%~0.02%。

2. 标定过程

取于105℃干燥至恒重的基准邻苯二甲酸氢钾约0.16 g,精密称定,加无水冰醋酸20 mL使溶解,加结晶紫指示剂1滴,用高氯酸溶液缓缓滴至溶液显蓝色,并将滴定的结果用空白试验校正。每1 mL高氯酸滴定液(0.1 mol/L)相当于20.42 mg的邻苯二甲酸氢钾。根据高氯酸的消耗量与邻苯二甲酸氢钾(简称KHP)的取用量,算出高氯酸溶液的浓度,即得。

$$c(HClO_4) = \frac{m_{KHP} \times 10^3}{(V - V_{空白})_{HClO_4} \cdot M_{KHP}}$$

五、注意事项

(1) 在配制高氯酸滴定液时,应先用冰醋酸将高氯酸稀释后再缓缓加入醋酐。

(2) 高氯酸、冰醋酸能腐蚀皮肤,刺激粘膜,应注意防护。

(3) 结晶紫指示剂颜色变化为紫→紫蓝→纯蓝,其中紫→紫蓝的变化时间较长,而紫蓝→纯蓝的变化时间较短,应注意把握好终点。

六、数据记录及处理

项　目 　 编　号		1	2	3
基准物质称量记录 m/g	m_i			
	m_{i+1}			
	m			
滴定记录 V/mL	$V_终$			
	$V_初$			
	$V_消$			
浓度 /(mol/L)	c			
	$\bar{c}$			
精密度	d			
	$\bar{d}$			
	$R_{\bar{d}}$			

七、思考题

(1) 为什么醋酐不能直接加入高氯酸溶液中？

(2) 如果锥形瓶中有少量水会带来什么影响，为什么？

(3) 为什么要做空白试验？怎样做空白试验？

(4) 为什么邻苯二甲酸氢钾既可标定碱(NaOH)，还可以作为标定酸($HClO_4$)的基础物质？

八、讨论

实验 17　枸橼酸钠含量的测定(非水溶液滴定法)

一、实验目的

(1) 掌握用非水溶液酸碱滴定法测定有机酸碱金属盐含量的方法。

(2) 进一步巩固非水溶液酸碱滴定法的基本操作。

二、基本原理

枸橼酸钠为有机酸的碱金属盐，在水溶液中碱性很弱，不能直接进行酸碱滴定。由于醋酸的酸性比水的酸性强，因此将枸橼酸钠溶解在冰醋酸溶剂中，可增强其碱性，便可用结晶紫为指示剂，用高氯酸做滴定液直接测定其含量。滴定反应为：

$$\begin{array}{ccc}
\text{CH}_2\text{COONa} & & \text{CH}_2\text{COOH} \\
| & & | \\
\text{HO—C—COONa} + 3\text{HClO}_4 \longrightarrow & \text{HO—C—COOH} + 3\text{NaClO}_4 \\
| & & | \\
\text{CH}_2\text{COONa} & & \text{CH}_2\text{COOH}
\end{array}$$

三、仪器和试剂

(1) 仪器：微量滴定管(10 mL)、锥形瓶(50 mL)、天平、量杯。

(2) 试剂：高氯酸滴定液(0.1 mol/L)，枸橼酸钠样品，醋酐(A·R 97%，密度 1.08)，冰醋酸(A·R)，结晶紫指示剂。

四、实验步骤

精密称取枸橼酸钠样品 80 mg，加冰醋酸 5 mL，加热使之溶解，放冷，加醋酐 10 mL 与结晶紫指示液 1 滴，用高氯酸滴定液(0.1 mol/L)滴定至溶液显蓝绿色即为终点，用空白试验校正。每 1 mL 高氯酸滴定液(0.1 mol/L)相当于 8.602 mg 的枸橼酸钠。根据下式计算枸橼酸钠的含量百分比。平行测定 3 次。

$$\text{枸橼酸钠}(\%) = \frac{(V_{供} - V_{空})_{\text{HClO}_4} \cdot F_{\text{HClO}_4} \cdot 8.602 \times 10^{-3}}{S} \times 100\%$$

五、注意事项

(1) 使用所有仪器要预先洗净干燥。

(2) 若测定时温度与标定室温相差较大时需加以校正。

六、数据记录及处理

项目 \ 编号		1	2	3
基准物质称量记录 m/g	m_i			
	m_{i+1}			
	m			
滴定记录 V/mL	$V_{终}$			
	$V_{初}$			
	$V_{消}$			
枸橼酸钠的含量	w			
	$\bar{w}$			
精密度	d			
	$\bar{d}$			
	$R_{\bar{d}}$			

七、思考题

（1）为什么枸橼酸钠在水中不能直接滴定而在冰醋酸中能直接滴定？

（2）枸橼酸钠的称取量是以什么为根据计算出来？

（3）计算枸橼酸钠的含量百分比的公式中"F"表示什么？除了用此公式计算外还可以用什么公式计算？

八、讨论

第四节　仪器分析实验

实验 18　用 pH 计测定溶液的 pH

一、实验目的

（1）理解用 pH 计测定溶液 pH 的原理。

（2）掌握用 pH 计测定溶液 pH 的方法。

二、基本原理

电位法是根据测定原电池的电动势，以确定待测物含量的分析方法。其中根据电动势的测量值，直接确定待测物含量的方法，称为直接电位法，根据滴定过程中电动势发生突变来确定化学计量点的方法，称为电位滴定法。测定溶液 pH，常用直接电位法，所用的仪器为 pH 计（也称为酸度计）。

本实验采用的是 pHS-25 型酸度计，它是根据能斯特方程设计而成，由 pH 电极和参比电极组成的测量电池（即复合电极，由玻璃电极和饱和甘汞电极组合而成），对溶液中的酸度产生电位响应，测量其电极电位，根据能斯特方程及两次测定法计算出溶液的 pH 值：

$$pH_x = pH_s - \frac{E_s - E_x}{0.059}$$

从以上可知，用两次测定法测定溶液的 pH 时，只要使用同一支复合电极，在温度相同的条件下，无需知道公式中的"常数"和玻璃电极的不对称电位，就可求出待测溶液的 pH_x 值。测量时选用的标准缓冲溶液的 pH_s 值应尽量与样品溶液的 pH_x 值接近，两种溶液的 pH 值相差不超过 3 个单位。另外，温度补偿器是为了抵消温度变化对溶液 pH 测定的影响。详细内容请参考分析化学。

三、仪器和试剂

（1）仪器：pHS-25 型酸度计，复合电极，温度计，塑料烧杯。

（2）试剂：邻苯二甲酸氢钾标准缓冲液，磷酸盐标准缓冲液，硼砂标准缓冲液，葡萄糖NaCl 注射液，NaHCO₃ 注射液。

四、实验步骤

1. 仪器的准备

（1）pH 标准缓冲溶液的配制。

（2）复合电极的处理：新的或久放未用的复合电极应在水中浸泡 24 h，使玻璃膜表面充分形成水合凝胶层，其稳定不对称电位。饱和甘汞电极中应充满饱和的氯化钾溶液，注意不得有气泡将溶液隔断。

2. pH 计电子单元的检查

（1）调整温度调节器旋钮，使其指示温度与被测溶液的温度相同。

（2）将"选择"开关置于"＋mv"或"－mv"挡，**短路插头插入电极插座。**

（3）"范围"旋钮置于中间挡位，开启"电源"开关，电源指示灯亮，表针不移动（处于未开机位置）。

（4）"范围"旋钮置于"0～7 pH"挡位，表针应在"0 mv"位。

（5）将"选择"开关置于"pH"挡，调"定位"旋钮，表值应能调节"小于 6 pH"。

（6）"范围"旋钮置于"7～14 pH"挡位，调"定位"旋钮，表值应能调节"大于 8 pH"。

如符合以上要求，仪器属于正常，可以使用。

3. 复合电极的检查

（1）在测量前先取下复合电极的保护帽，观察玻璃电极的球泡是否完好，球泡内是否装满液体，如有气泡，应将电极向下轻甩，排出气泡，然后**将加液口的胶塞旋开，使加液小孔处于开通状态，**否则将影响测量精度。

（2）电极表面如粘有污物，应用蒸馏水冲洗，然后用滤纸吸干并放好备用，**注意使加液口向上，**以防饱和氯化钾溶液外溢，接上复合电极。

4. pH 计的校准与待测液的测定

1）葡萄糖 NaCl 注射液 pH 值的测定。

（1）将复合电极用水清洗并用滤纸吸干，放置在固定架上，将其放入装有邻苯二甲酸氢钾标准缓冲液（25℃，pH ＝ 4.00）的塑料烧杯中，轻摇烧杯，使之均匀。

（2）将"范围"旋钮置于"0～7 pH"挡位，调"定位"旋钮，使表针指在"4.00"位。

（3）将复合电极用水清洗并用滤纸吸干，放置在固定架上，将其放入装有磷酸盐标准缓冲液（25℃，pH ＝ 6.86）的塑料烧杯中，轻摇烧杯，使之均匀。核对仪器显示值与磷酸盐标准缓冲液的 pH 值是否一致，其误差不大于 ±0.02 pH 单位。

（4）将复合电极用水清洗并用滤纸吸干，放置在固定架上，将其放入装有待测葡萄糖NaCl 注射液的塑料烧杯中，轻摇烧杯，使之均匀，当指针稳定时，记录读数（注：**此操作不可旋转"定位"旋钮，否则应重新开始校准测量**）。

2）NaHCO₃ 注射液 pH 值的测定。

操作方法同上，第一标准缓冲液改为磷酸盐标准缓冲液（25℃，pH ＝ 6.86）定位，第二标准缓冲液改为硼砂标准缓冲液（25℃，pH ＝ 9.18）核对，注意此测量中的"（3）操作"前应将

"范围"旋钮置于"7～14 pH"挡位。

注:当室温改变时,缓冲溶液 pH 也需相应改变,参照附表。

5. 复原

测定完毕,关闭"电源"开关,清洗电极,将加液口的橡胶塞旋上,防止液体向外流出。套上保护帽,回收试剂,整理仪器,做好登记。

五、注意事项

(1) 每次使用时,在定位核测定的前后都应洗净并吸干电极。

(2) 浸入溶液后应搅动一下或轻摇烧杯,缩短其响应时间,待溶液稳定后再测量。

(3) 搅动时注意保护好玻璃球泡,防止碰坏玻璃电极的球膜。

(4) 测量时,电极的引入线应保持静止。

六、数据记录及处理

记录葡萄糖 NaCl 注射液及 $NaHCO_3$ 注射液的 pH 值。

七、思考题

(1) pH 计上的温度调节器及定位调节器的作用各是什么?

(2) 测定溶液的 pH 为什么要用两次测定法?

(3) 为什么要用与待测溶液 pH 接近的标准缓冲溶液来校正仪器?校正后,能否再动定位调节器?

八、讨论

附表 不同温度时标准 pH 缓冲溶液的 pH 值

温度 /℃	邻苯二甲酸氢钾 /0.05 mol/L	磷酸盐 /0.025 mol/L	硼　砂 /0.01 mol/L
0	4.01	6.98	9.46
5	4.00	6.95	9.39
10	4.00	6.92	9.33
15	4.00	6.90	9.28
20	4.00	6.88	9.23
25	4.00	6.86	9.18
30	4.01	6.85	9.14
35	4.02	6.84	9.10
40	4.03	6.84	9.07

实验 19　吸收曲线的绘制

一、实验目的

(1) 学会 7205 型可见分光光度计的正确使用方法。

(2) 熟悉测绘吸收曲线的一般方法并能找出最大吸收波长。

二、基本原理

吸收曲线又称吸收光谱。它是在浓度一定的条件下,以波长或波数为横坐标,以吸光度或吸光系数为纵坐标所描绘的曲线。不同的物质由于结构不同,吸收曲线也不同。吸收曲线的形状及最大吸收波长与溶液的性质有关,吸收峰的高度与溶液的浓度有关,定量测定的准确度与测定所选的波长有关。因此,吸收曲线是对物质进行定性鉴定和定量测定的重要依据之一。

三、仪器和试剂

(1) 仪器:7205 型分光光度计、吸收池(比色皿)、烧杯、擦镜纸。

(2) 试剂:$KMnO_4$ 标准溶液。

四、实验步骤

(1) 将标准 $KMnO_4$ 溶液与空白液(纯化水)分别盛于 1 cm 厚的吸收池中,并将其放在分光光度计的吸收池架上,按 7205 型分光光度计的正确使用方法进行操作。

(2) 波长从 420 nm 开始到 700 nm,每隔 20 nm 测量一次吸光度(其中在 510～560 nm 处,每隔 5 nm 测定一次)。每变换一次波长,都需用纯化水作空白液,调节透光度为 100% 或吸光度为 0.000,再测定溶液的吸光度及透光率。

(3) 记录溶液在不同波长处的吸光度及透光率的数值。

五、注意事项

(1) 波长每改变一次,都必须用空白液调节"0"和"100%",校正好后再测吸光度和透光率。

(2) 吸收池装液以其池体体积的 4/5 为宜。吸收池光面置于光路中,放置的位置要正确。

六、数据记录及处理

(1) 每个波长的数据和其所对应测得的吸光度及透光率的数值记录。

波长 λ(nm)	420	440	460	480	500	510	515
吸光度 A							
透光率 T							

（续表）

波长 λ(nm)	520	525	530	535	540	545	550
吸光度 A							
透光率 T							
波长 λ(nm)	555	560	580	600	660	680	700
吸光度 A							
透光率 T							

（2）以波长 λ(nm)为横坐标，吸光度 A 为纵坐标，将测得的吸光度数值逐点描绘在坐标纸上，然后将各点连成光滑曲线，即得 A-λ 吸收光谱曲线。

（3）从吸收光谱曲线上找出最大吸收波长 λ_{max} 值。

七、思考题

（1）最大吸收波长 λ_{max} 值的位置与浓度是否有关？为什么定量分析时波长一般应选择在最大吸收波长 λ_{max} 处？

（2）如何正确使用 7205 型分光光度计？怎样保护光电管？

八、讨论

实验 20　微量铁含量的测定

——工作曲线法与标准比较法

一、实验目的

（1）巩固 7205 型可见分光光度计的正确使用方法。

（2）掌握测绘标准曲线的一般方法及应用。

（3）掌握标准比较法及应用。

二、基本原理

邻二氮菲是测定微量铁的较好试剂，它与 Fe^{2+} 生成稳定的红色配合物，最大吸收波长在 510 nm 处，其总的稳定常数 $\lg K_{稳} = 21.3$，摩尔吸光系数 $\varepsilon = 1.1 \times 10^4$。其显色反应如下：

$$Fe^{2+} + 3 \quad \longleftrightarrow \quad [(\quad)_3 Fe]^{2+}$$

显色前加入盐酸羟胺，把 Fe^{3+} 还原为 Fe^{2+}：

$$2Fe^{3+} + 2NH_2OH \cdot HCl \Longrightarrow 2Fe^{2+} + N_2\uparrow + 4H^+ + 2H_2O + 2Cl^-$$

控制反应在 pH 4.5~5.5 的缓冲溶液中进行,在含铁量为 0.5~8 mg/L 范围内线性关系良好,符合比尔定律。

三、仪器和试剂

(1) 仪器:7205 型分光光度计、吸收池、烧杯、比色管、移液管、擦镜纸。

(2) 试剂:铁标准溶液(0.100 mg/mL)、10%盐酸羟胺、1 mol/L 醋酸钠、0.15%邻二氮菲、水样、纯化水。

四、实验步骤

1. 微量铁溶液的配制

用移液管分别吸取铁标准溶液(0.100 mg/mL)0.00 mL、0.20 mL、0.40 mL、0.60 mL、0.80 mL 和1.00 mL,分别置于 6 支 50 mL 比色管中,各加入 10%盐酸羟胺溶液 1 mL、1 mol/L 醋酸钠溶液 5 mL、0.15%邻二氮菲溶液 2 mL,用纯化水稀释至刻度,摇匀。

2. 标准曲线的制作

在 510 nm 波长处,用 1 cm 吸收池,以不含铁的溶液为空白液,测量各溶液的吸光度。以铁含量为横坐标,吸光度为纵坐标,绘制标准曲线。

3. 试样中铁含量的测定

准确吸取未知水样 5.00 mL 于 50 mL 比色管中,按上述标准曲线的制作步骤,加入各种试剂,以纯化水稀释至刻度,摇匀。在 510 nm 波长处,用 1 cm 吸收池,测量其吸光度。由标准曲线上查出试液中铁的含量,然后计算未知水样中铁的含量(μg/mL)。

五、注意事项

(1) 配制标准系列和试样的比色管应及时贴上标签,以防混淆。

(2) 吸收池溶液不可注入太满,防止在推动吸收池架时,溶液溢出吸收池外。

(3) 测定装液时,吸收池要用被装液洗涤 2~3 次。测定顺序,浓度由稀到浓为佳。

六、数据记录及处理

(1) 制作标准曲线时,取标准铁试液的体积、标准系列铁的浓度和对应测定所得的吸光度值、未知铁试液的吸光度值记入下表中。

标准铁试液体积/mL	0.00 0.20 0.40 0.60 0.80 1.00
标准系列铁的浓度 $c/(\mu g \cdot mL^{-1})$	
对应的吸光度 A	
未知铁试液吸光度 $A_x =$　　　未知铁试液浓度 $c_x =$	

(2) 根据实验数据在坐标纸上绘制出工作曲线。

(3) 根据未知铁试液的吸光度值从工作曲线上查出其浓度。

从标准曲线上查得：$c_x =$

（4）选取一合适的标准溶液作比较，用标准比较法求算未知铁试液的浓度，计算如下：

$$c_x = \frac{A_x}{A_S} \times c_S$$

（5）计算出原未知试样中铁的含量，计算如下：

$$c_{Fe样品} = c_x \times \frac{50.0}{5.00} = ?(\mu g/mL)$$

七、思考题

（1）用邻二氮菲法测定铁时，为什么在显色前需加入盐酸羟胺？

（2）本实验量取液体时，哪些可用量筒？哪些必须用移液管？

（3）采用标准比较法时，标准溶液的选择有什么要求？

八、讨论

实验 21　维生素 B₁₂ 注射液的含量测定

——吸光系数法、紫外分光光度法

一、实验目的

（1）掌握 7504 型紫外可见分光光度计的使用方法。

（2）熟悉吸光系数法定量分析方法的应用。

二、基本原理

维生素 B_{12} 注射液为含钴的有机药物，为粉红色至红色的澄明液体，用于治疗贫血等疾病。其含量测定按《中国药典》（2000 年版）规定：将本品适量加水定量稀释成每 1 mL 含维生素 B_{12} 约 25 μg 的溶液，在 361 nm 处测定吸光度，其比吸光系数 $E_{1\ cm}^{1\%}$ 按 207 计算，即可求得样品的含量。

三、仪器和试剂

（1）仪器：UV - 2100 型紫外可见分光光度计、吸收池、烧杯、擦镜纸。

（2）试剂：维生素 B_{12} 注射液。

四、实验步骤

（1）接通电源，开机使仪器预热 20 min。至仪器自动校正后，显示器显示"546.0 nm 0.000 A"仪器自检完毕，即可进行测试。

(2) 用〈方式〉键设置测试方式,透光率(T)或吸光度(A)。

(3) 按〈设定〉键屏幕上显示"WL=×××.×nm",按〈上升〉或〈下降〉键输入所要分析的波长 361 nm 处,之后按〈确认〉键、显示器第一列右侧显示"361.0 nm BLANHKING"仪器即变换到所设置的波长及调 0ABS/100％ T。

(4) 再按〈设定〉键屏幕上显示"D2 OFF? W2 OFF?",意思是"仪器是否关闭氘灯或钨灯",根据本实验测量的波长是 361 nm,因此关闭钨灯,即显示"W2 OFF?"时按〈确认〉键。

(5) 再按〈设定〉键屏幕上显示"D2 ON? W2 ON?",意思是"仪器是否开氘灯或钨灯",根据本实验测量的波长是 361 nm,因此打开氘灯,即显示"D2 ON?"时按〈确认〉键。

(6) 将参比溶液(纯化水)和被测溶液(维生素 B_{12} 注射液)分别装入吸收池,操作方法同本节实验二,打开样品室盖,将盛有溶液的吸收池分别插入吸收池槽中,参比溶液放置第一槽,待测溶液第二槽,盖上样品室盖。

(7) 将参比溶液拉入光路中,按〈OABS/100％T〉键调 OABS/100％ T。此时显示器显示的"BLANHKING",直至显示"100.0％ T"或"0.000 A"为止。

(8) 当仪器显示"100.0％ T"或"0.000 A"后,将被测样品拉入光路中,这时便可从显示器上得到被测样品的透光率或吸光度。

五、注意事项

(1) 吸收池应按正确的操作方法装入液体及使用。

(2) 正确使用并注意保养仪器。

六、数据记录及处理

(1) 记录测定的维生素 B_{12} 注射液的吸光度。

(2) 计算维生素 B_{12} 注射液的标示量百分比。根据比尔定律,计算出样品液的比吸光系数为:

$$(E_{1\,cm}^{1\%})_{样} = \frac{A_{样}}{c_{样} \cdot L} = \frac{A_{样}}{0.002\,5 \times 1}$$

样品液中维生素 B_{12} 的含量百分比:

$$B_{12} \text{ 的含量 } \% = \frac{(E_{1\,cm}^{1\%})_{样}}{(E_{1\,cm}^{1\%})_{标}} \times 100\% = \frac{(E_{1\,cm}^{1\%})_{样}}{207} \times 100\%$$

七、思考题

(1)《中国药典》规定,维生素 B_{12} 注射液的正常含量应为标示量的 90.0％～110％,根据本实验结果,判断是否符合要求?

(2) 维生素 B_{12} 在 361 nm 和 550 nm 波长处有最大的吸收;《中国药典》规定在 361 nm 波长处的吸光度与 550 nm 波长处的吸光度的比值应为 3.15～3.45。如果要对维生素 B_{12} 注射液进行定性鉴别,如何操作?

八、讨论

实验 22　薄层色谱法

一、实验目的

(1) 学会制备薄层硬板的方法。

(2) 熟悉薄层色谱法分离鉴定混合物的操作方法。

(3) 进一步掌握 R_f 值的计算方法。

二、基本原理

本实验是利用吸附薄层色谱原理进行分离鉴定,其方法是将吸附剂均匀的涂在玻璃片上形成薄层,然后将试样点在薄板上用展开剂展开。由于不同样品的结构不同,极性也不同,极性大的组分在极性吸附剂中被吸附的牢固,不易被展开,R_f 值就小;而极性小的组分在极性吸附剂中被吸附的不牢固,易被展开剂展开,R_f 值就大,从而可将混合物中不同的样品分开。通过斑点定位后即可用于定性和定量分析。

三、仪器和试剂

(1) 仪器:色谱缸、玻片、乳钵、毛细管、台秤。

(2) 试剂:硅胶 G、缩甲基纤维素钠(CMC - Na)、CCl_4、偶氮苯、苏丹 I。

四、实验步骤

1. 硅胶 CMC - Na 薄板的制备

取 1.5 g 硅胶 G 置于乳钵内,加 0.5% CMC - Na 溶液约 4.5 mL 研成糊状,置于一块 5×10 cm 的洁净玻片上,先用玻棒将糊状物涂遍整个玻片,再在实验台上轻轻振动玻片,使糊状物平铺于玻片上成一均匀薄层,置于水平台上自然晾干后,置烘箱中 110℃ 活化 1~2 h,取出后置于干燥器中备用。

2. 点样

取活化后的薄板(表面平整,无裂痕)、距一端 1.5~2 cm 处用铅笔轻轻划一起始线,并在点样处用铅笔作一记号为原点。取平口毛细管四根,分别蘸取偶氮苯、苏丹 I 及样品(混合物),点于各原点记号上(注意:点样用的毛细管不能混用)。

3. 展开

将已点样后的薄板放入被展开剂饱和的密闭的色谱缸内(注意:原点不能浸入展开剂中),等展开到 3/4~4/5 高度后取出,用铅笔划出溶剂前沿线,晾干。

4. 定位及定性分析

用铅笔将各斑点框出,并找出斑点中心,用小尺量出各斑点到原点的距离和溶剂前沿线到起始线的距离,然后计算各种样品的比移值 R_f 和相对比移值 R_S 值进行定性分析。

$$R_f = \frac{斑点中心到原点的距离}{溶剂前沿到起始线的距离}$$

$$R_S = \frac{样品原点到样品斑点中心的距离}{标准品原点到标准品斑点中心的距离}$$

五、注意事项

(1) 硅胶置于乳钵中研磨时,应朝同一方向研磨,且须充分研磨均匀,待除去气泡后方可铺板。

(2) 点样时,勿使毛细管损坏薄层表面,点样量要适中。

(3) 展开时,色谱缸必须密闭,且注意让蒸汽饱和,以免影响分离效果。

六、数据记录及处理

1. 数据记录

	对照品溶液		样品溶液	
	偶氮苯	苏丹Ⅰ	斑点 A	斑点 B
原点至斑点中心的距离				
原点至溶剂前沿的距离				
R_f 值				

2. 结果判断

斑点 A 为:　　　　　　　　R_S 值=

斑点 B 为:　　　　　　　　R_S 值=

七、思考题

(1) 根据本实验的色谱条件,试解释偶氮苯和苏丹Ⅰ R_f 值差异的原因?

(2) R_f 值与 R_S 值有何不同?

(3) 薄层色谱法的操作方法可分为哪几步? 每一步应注意什么?

(4) 如果色谱结果出现斑点不集中,有拖尾现象,可能是什么原因造成的?

八、讨论

实验 23　气相色谱法测定醇的同系物

一、实验目的

(1) 熟悉色谱分析的原理及色谱工作站的使用方法。

(2) 用保留时间定性;用归一化法定量;用分辨率对实验数据进行评价。

二、基本原理

甲醇、乙醇、正丙醇和正丁醇及可能含有的水分称为醇的同系物,可以采用气相色谱法进行分析。以 GDX - 103 作固定相,用热导池检测器,在一定条件下可实现各组分的分离。采用归一化法定量。

三、仪器和试剂

(1) 仪器:102GC 气相色谱仪,氮气钢瓶,氢气发生器、微量注射器。
(2) 试剂:由甲醇、乙醇、正丙醇和正丁醇组成的混合样。

四、实验步骤

1. 操作条件
热导池检测器:桥电流 200 mA(氢气为载气)、130 mA(氮气作载气);衰减 1:1。
检测室温度 135℃,柱温:105℃,气化室温度:120℃。
载气流速:50~100 mL/min。
进样量:将模拟样品(由甲醇:乙醇:水按 1:2:2 混合而成)0.5 μL(氢气作载气)、2~3 μL(氮气做载气)进样。

2. 操作步骤
将仪器调整到待测状态后,以微量注射器进样。

五、注意事项

(1) 点火之后,仪器出气口附近温度较高,不要随意触碰。
(2) 进样时应迅速,防止进样产生时间差。
(3) 实验结束后,应等仪器温度下降至室温,再关载气。

六、数据记录及处理

测试结束后取下色谱图,按下列计算式,用归一化法求个组分的含量:

$$C_i(\%) = \frac{fA_{ii}}{\sum f_i A_i}$$

当以热导池为检测器,氢作载气,各组分的质量较正因子值列于表 2-1。

表 2-1　各组分的质量较正因子

组分	f_i
水	0.55
甲醇	0.58
乙醇	0.64

七、思考题

(1) 影响柱效的因素有哪些?
(2) 为什么本实验可以用归一法定量?

八、讨论

实验 24　高效液相色谱法测定芘和菲

一、实验目的

(1) 理解液相色谱的原理与应用。
(2) 掌握用保留值定性及用标准曲线法进行定量的方法。

二、基本原理

采用反相液相色谱柱进行分离,以紫外检测器进行检测,以芘(菲)标准系列溶液的色谱峰面积对其浓度做工作曲线,再根据样品中的芘(菲)的峰面积,由工作曲线算出其浓度。

三、仪器与试剂

(1) 仪器:Agilent 1100 HPLC,HP 工作站,ODS柱,5 μL 定量环。
(2) 试剂:甲醇(色谱纯)、二次蒸馏水、芘标准储备溶液、菲标准储备溶液

四、实验步骤

1. 使 Agilent 1100 HPLC 色谱仪正常工作

色谱条件为:

柱温:25℃。

流动相:甲醇:水=80:20。

流动相流量:1.0 mL/min。

检测波长:228 nm。

2. 芘标准系列溶液配制

分别取 0.00 mL、0.10 mL、0.20 mL、0.30 mL、0.40 mL、0.50 mL 的芘标准储备液(0.2 mg/mL),置于10 mL容量瓶中,加入 5 mL 甲醇,超声 10 min,用甲醇定容。

3. 菲标准系列溶液配制

分别取 0.00 mL、0.10 mL、0.20 mL、0.30 mL、0.40 mL、0.50 mL 的菲标准储备液(0.2 mg/mL),置于10 mL容量瓶中,加入 5 mL 甲醇,超声 10 min,用甲醇定容。

4. 绘制工作曲线

把各浓度的标准系列溶液依次进样,记录各浓度的色谱峰面积,对其浓度做工作曲线。

5. 样品测定

五、注意事项

(1) 每次进样，均要等上次的样品全部出峰，基线再次平稳，方可以进行下一步实验。

(2) 进机的样品均要经过微孔过滤。

六、数据记录及处理

测试后打印谱图，按照工作站给出的数据，按照面积归一法进行计算。

七、思考题

(1) 用标准曲线法定量的优缺点是什么？

(2) 为什么改变流动相配比可以改变分离状况？

八、讨论

实验 25   高效液相色谱法测定茶叶中的咖啡因

一、实验目的

(1) 了解茶叶、可乐、咖啡中咖啡因含量测定的原理。

(2) 学习高效液相色谱仪的使用。

(3) 学会用外标法进行定量分析，绘制标准曲线。

二、基本原理

咖啡因又称咖啡碱，属于黄嘌呤衍生物，化学名为 1,3,7-三甲基黄嘌呤，是从茶叶或咖啡中提取的一种生物碱。它能兴奋大脑皮质，使人精神亢奋。咖啡因在咖啡中的含量为 1.2%～1.8%，在茶叶中为 2.0%～4.7%，可乐饮料、APC 药品等均含有咖啡因。咖啡因的分子式为 $C_8H_{10}O_2N_4$，结构式如下：

在化学键合相色谱中，若流动相极性大于固定相极性，称为反相化学键合相色谱柱。此法目前应用广泛，本实训就采用反相液相色谱法，以 C_{18} 键合相色谱柱分离茶叶中的咖啡因，用紫外检测器进行检测，以咖啡因标准系列溶液的色谱峰面积对其浓度做标准曲线，再根据试样中的咖啡因峰面积，由标准曲线计算出浓度。

三、仪器与试剂

(1) 仪器:高效液相色谱仪,色谱柱(XDB - C_{18} 5 μm, 150 mm×4.6 mm),进样器(10 μL),紫外检测器,烧杯(250 mL),电子天平,量筒,容量瓶,移液管,分液漏斗,漏斗(干燥),滤纸。

(2) 试剂:甲醇(色谱纯),重蒸馏水,氯仿(AR),氢氧化钠(AR, 1 mol/L),氯化钠(AR,饱和溶液),无水硫酸钠(AR),咖啡因标准液(1 000 mg/L),茶叶。

四、实验步骤

1. 咖啡因标准系列溶液的配制

用移液管分别移取 0.40 mL、0.60 mL、0.80 mL、1.00 mL、1.20 mL、1.40 mL 咖啡因标准液于 6 个 10 mL 容量瓶中,分别用氯仿定容,摇匀。

2. 样品的处理

准确称取 0.30 g 茶叶,加 30 mL 蒸馏水,煮沸 10 min,冷却后,将上层清液转移至 100 mL 容量瓶中。按此步骤再重复两次,最后定容,摇匀。将该试样溶液过滤(干燥的漏斗及滤纸),滤液备用。

移取上述滤液 50.00 mL 于 125 mL 分液漏斗中,分别加 1.0 mL 饱和氯化钠溶液,2.0 mL 1 mol/L 氢氧化钠溶液,如何用 45 mL 氯仿分 4 次萃取(分别用 15 mL、10 mL、10 mL、10 mL),将氯仿提取液合并,再经装有无水硫酸钠的小漏斗(在小漏斗颈部放一块脱脂棉,上面铺一层无水硫酸钠)脱水,过滤,滤液注入 50 mL 容量瓶中,用少量氯仿分多次洗涤小漏斗,洗涤液合并于容量瓶中,定容,摇匀。

3. 色谱条件

柱温:室温,流动相:甲醇/水(V/V)=60/40,检测波长:275 nm,流量:1.0 mL/min。

4. 绘制标准曲线

待液相色谱仪基线平直后,分别注入咖啡因标准系列溶液 10 μL,重复两次,要求两次所得的咖啡因色谱峰面积基本一致。否则继续进样,直至每次进样色谱峰面积重复,记下峰面积和保留时间。

5. 样品测定

分别注入试样溶液 10 μL,根据保留时间确定试样中咖啡因色谱峰的位置,重复进样两次,记下咖啡因色谱峰面积。根据咖啡因标准系列溶液的色谱图,绘制峰面积与浓度的标准曲线,再根据试样中咖啡因色谱峰面积,由标准曲线计算茶叶中咖啡因的含量。

五、思考题

(1) 用标准曲线法定量的优缺点是什么?
(2) 反相高效液相的特点有哪些?

六、讨论

实验 26　原子吸收法测定感冒冲剂中的铜

一、实验目的

(1) 学习原子吸收光谱法的基本原理。
(2) 了解原子吸收光谱仪的基本结构及其使用方法。
(3) 掌握以标准曲线法测定感冒冲剂中铜元素的方法。

二、基本原理

原子吸收光谱法是基于被测元素的基态原子在蒸汽状态下对特征电磁辐射吸收而进行元素定量分析的方法。当光源发射的某一特征波长的光穿过一定厚度的原子蒸汽时,被测元素基态原子中的外层电子将选择性地吸收特征波长的谱线,与比色分析法一样,符合 Lambert-Beer 定律,即有:$A = Klc$

根据这一关系可以用标准曲线法或标准加入法测定样品中某元素的含量。

三、仪器与试剂

1. 仪器

原子吸收分光光度计(铜元素空心阴极灯,波长 324.8 nm,灯电流 3 mA,火焰为乙炔-空气)、容量瓶、吸量管、烧杯。

2. 试剂

(1) 标准铜储备液(1 mg/mL):准确称取 0.500 0 g 金属铜于 100 mL 烧杯中,盖上表面皿,加入 1 mL 浓硝酸溶液溶解,然后把溶液转移到 500 mL 容量瓶中,用1‰硝酸稀释到刻度,摇匀备用。

(2) 铜标准液(20 μg/mL):准确吸取 2 mL 上述标准铜储备液于 100 mL 容量瓶中,用1‰硝酸稀释到刻度,摇匀备用。

(3) 硝酸:浓度1‰~2‰。

四、实验步骤

1. 标准曲线的绘制

取 5 个 10 mL 的容量瓶,分别加入浓度为 20 μg/mL 的铜标准溶液 0.10 mL、0.20 mL、0.40 mL、0.60 mL、0.80 mL,用1‰ HNO_3 稀释至刻度,同时作试剂空白,测定各标准溶液的 A 值,绘制 $A-C$ 标准曲线。

2. 含量测定

用试样溶液(0.5~2 mL)按上述仪器工作条件分别测定 A 值,并同时做试剂空白,由标准曲线上查得其浓度并计算百分含量。

五、注意事项

(1) 注意乙炔流量和压力的稳定性。

（2）乙炔为易燃、易爆气体，应严格按操作步骤进行，先通空气，后给乙炔气体；结束或暂停实验时，要先关乙炔气体，再关闭空气，避免回火。

六、数据记录及处理

从标准曲线上，查出待测试样的浓度 c 值，单位：μg。

$$Cu\% = (c \cdot V/M) \times 100\%$$

式中：V——待测试样溶液体积（mL）；M——称取的试样重量（mg）。

也可用线性方程法计算试样中铜离子的含量。

七、思考题

（1）简述原子吸收光谱法的基本原理。

（2）原子吸收光谱分析为何要用待测元素的空心阴极灯作光源？能否用氢灯或钨灯代替，为什么？

（3）本实验的主要干扰因素及其消除措施有哪些？

（4）标准溶液及样品溶液的酸度对吸光度有什么影响？

八、讨论

实验 27　测定邻羟基苯甲酸和间羟基苯甲酸的含量

——荧光分析法

一、实验目的

（1）掌握荧光分析法的基本原理和操作。

（2）用荧光分析法进行多组分含量的测定。

二、基本原理

邻-羟基苯甲酸（亦称水杨酸）和间-羟基苯甲酸分子组成相同，均含一个能发射荧光的苯环，但因其取代基的位置不同而具有不同的荧光性质。在 pH = 12 的碱性溶液中，二者在 310 nm 附近紫外光的激发下均会发射荧光；在 pH = 5.5 的近中性溶液中，间-羟基苯甲酸不发射荧光，邻-羟基苯甲酸由于分子内形成氢键增加了分子刚性而有较强的荧光，且荧光强度与 pH = 12 时相同。利用这一性质，可在 pH = 5.5 测定二者混合物中邻-羟基苯甲酸的含量，间-羟基苯甲酸不干扰。另取同样量的混合物溶液，测定 pH = 12 的荧光强度，减去 pH = 5.5 时测得的邻-羟基苯甲酸的荧光强度，即可求出间-羟基苯甲酸的含量。

三、仪器与试剂

（1）仪器：WFY-28 型荧光分光光度计，10 mL 比色管，分度吸量管。

（2）试剂：邻-羟基苯甲酸标准溶液，间-羟基苯甲酸标准溶液，NaOH（0.1 mol/L），HAc - NaAc 缓冲溶液（pH = 5.5）。

四、实验步骤

1. 标准系列溶液的配制

（1）分别移取 0.40 mL、0.80 mL、1.20 mL、1.60 mL、2.00 mL 邻-羟基苯甲酸标准溶液于已编号的 10 mL 比色管中，各加入 1.0 mL pH = 5.5 的 HAc - NaAc 缓冲溶液，以蒸馏水稀释至刻度，摇匀。

（2）分别移取 0.40 mL、0.80 mL、1.20 mL、1.60 mL、2.00 mL 间-羟基苯甲酸标准溶液于已编号的 10 mL 比色管中，各加入 1.2 mL 0.1 mol/L 的 NaOH 水溶液，以蒸馏水稀释至刻度，摇匀。

（3）取未知溶液 2.0 mL 于 10 mL 比色管中，其中一份加入 1.0 mL pH = 5.5 的 HAc - NaAc 缓冲溶液，另一份加入 1.2 mL 0.1 mol/L 的 NaOH 水溶液，以蒸馏水稀释至刻度，摇匀。

2. 荧光激发光谱和发射光谱的测定

测定（1）中第三份溶液和（2）中第三份溶液各自的激发光谱和发射光谱，先固定发射波长为 400 nm，在 250～350 nm 区间进行激发波长扫描，获得溶液的激发光谱和荧光最大激发波长 λ_{ex}^{max}；再固定激发波长 λ_{ex}^{max}，在 350～500 nm 区间进行发射波长扫描，获得溶液的发射光谱和荧光最大发射波长 λ_{em}^{max}。此时，在激发波长 λ_{ex}^{max} 处和发射波长 λ_{em}^{max} 处的荧光强度应基本相同。

3. 荧光强度测定

根据上述激发光谱和发射光谱扫描结果，确定一组波长（λ_{em}^{x} 和 λ_{em}^{x}），使之对二组分都有较高的灵敏度，并在此组波长下测定前述标准系列各溶液和未知溶液的荧光强度 I_f。

五、注意事项

（1）工作曲线的测定和未知液测定时应保持仪器设置参数的一致；
（2）开机时先开氙灯再开计算机；关机时先关计算机再关主机电源。

六、数据记录及处理

以各标准溶液的 I_f 为纵坐标，分别以邻-羟基苯甲酸或间-羟基苯甲酸的浓度为横坐标制作工作曲线。根据 pH = 5.5 的未知液的荧光强度，可以从邻-羟基苯甲酸的工作曲线上确定邻-羟基苯甲酸在未知液中的浓度；根据 pH = 12 时未知液的荧光强度与 pH = 5.5 时未知液的荧光强度的差值，可从间-羟基苯甲酸的工作曲线上确定未知液中间-羟基苯甲酸的浓度。

七、思考题

（1）λ_{ex}^{max}、λ_{em}^{max} 各代表什么？为什么对某种组分其 λ_{ex}^{max} 和 λ_{em}^{max} 处的荧光强度应基本相同？
（2）从实验可以总结出几条影响物质荧光强度的因素？

八、讨论

实验 28　红外分光光度法确定有机化合物结构

一、实验目的

(1) 学会红外分光光度法的使用和压片法制作固体试样晶片的方法。

(2) 学会根据红外吸收光谱识别有机化合物官能团。

二、基本原理

红外光谱又称为分析振动转动光谱,也是一种分析吸收光谱,当样品受到频率连续变化的红外光照射时,分子吸收了某些频率的辐射,并由其振动或转动运动引起偶极距的净变化,产生分子振动或转动能级从基态到激发态的跃迁,使相应于这些吸收区域的透射光强度减弱,记录红外光的百分透射比 $T\%$ 与波数 σ(或波长 λ)关系的曲线,就得到红外光谱,谱图中的吸收峰数目及所对应的波数是由吸光物质的分子结构所决定的,是分子结构的特征反映。因此可根据红外光谱图的特征吸收峰对吸光物质进行定性和结构分析。

红外光谱分析试样的制备技术又直接影响到谱带的波数、数目和强度。物质的不同存在状态(气、固、液三种状态),测定时试样的制备方法是不同的,其吸收谱图也有差异,应加以注意。对于固体试样的制备,压片法是实际工作中应用最多的方法,所以本实验主要掌握 KBr 压片制样法。

红外光谱法压片法是将固体试样与稀释剂 KBr 混合(试样含量范围一般为 $0.1\%\sim2\%$)并研细,取 80 mg 左右压成透明薄片,置试样薄片于光路中进行测定。根据绘制的谱图,查出各特征吸收峰的波数并推断其官能团的归属,从而进行定性和结构分析。

三、仪器与试剂

(1) 仪器:红外分光光度计,玛瑙研钵、KBr 压片制样法所需附件。

(2) 试剂:KBr、无水乙醇或丙酮,苯甲酸。

四、实验步骤

(1) 参照仪器的使用方法,启动仪器并使之运行正常后,预热 $20\sim30$ min。

(2) 压片法制备固体试样。取 100 mg 烘干的 KBr 试样置于玛瑙研钵中,加入 $1\sim2$ mg 固体试样磨细,粒度<2 μm,混合均匀,在红外干燥灯下烘 10 min 后,用不锈钢铲小心取约 80 mg 填入模具中,组合时,要注意样品圆柱的光洁面要面向样品,轻轻转动模具圆柱,使尽量分布均匀,置手压机中加压,当压力达到 58.84 MPa(约 600 kg/cm²)时,保持 $2\sim3$ min,按手压机的使用方法取出压好的直径为 13 mm、厚度为 1 mm 的透明薄片,置于夹持器中。

(3) 固体红外吸收光谱的测绘。将夹持器放入仪器的试样吸收池位置,当起始透光率>20%,即可进行测量。若当起始透光率<20%,应重新压片。

(4) 按仪器的使用方法关机。取出夹持器,回收薄片,模具及夹持器擦干净收好。

五、注意事项

(1) 在红外光区,使用的光学部件和吸收池的材质是 KBr 晶体,不能受潮。

(2) 不要用手直接接触盐片表面,不要对着盐片呼吸。

(3) 避免与吸潮液体或溶剂接触。

(4) 每压制一次薄片后,都要将模片和模片柱用丙酮棉球擦洗干净,否则粘附在模具上的 KBr 潮解会腐蚀金属,损坏原有的光洁度。

六、数据记录及处理

(1) 由试样的分子式计算不饱和度。

(2) 在绘制的吸收光谱上,注明主要吸收峰的波数及官能团归属,并推断试样的分子结构。

七、思考题

(1) 化合物的红外吸收光谱是怎样产生的?

(2) 如何进行红外光谱图的解析?

八、讨论

实验 29 菠菜叶色素的分离

（综合性实验）

一、实验目的

(1) 进一步掌握柱色谱和薄层色谱的操作。

(2) 熟悉用色谱法对天然产物进行分离和提取。

二、基本原理

植物绿叶中含有多种天然色素,最常用的有胡萝卜素、叶绿素的叶黄素等,其结构为:

R=CH₃:叶绿素 a   R=CHO:叶绿素 b

R＝H：β-胡萝卜素　　R＝OH：叶黄素

本实验是从菠菜叶中提取以上色素,用柱色谱分离后用薄层色谱检测,并测定其中β-胡萝卜素的紫外吸收。

三、仪器与试剂

(1) 仪器:分光光度计,色谱柱(20 mm×200 mm),展开缸,薄层板(25 mm×75 mm),布氏漏斗,抽滤瓶,分液漏斗,研钵。

(2) 试剂:硅胶 H,羧甲基纤维素钠,中性氧化铝(150~160 目),甲醇,95％乙醇,丙酮,乙酸乙酯,石油醚,菠菜叶。

四、实验步骤

1. 菠菜叶色素的提取

将菠菜叶洗净,甩干叶面上的水珠,晾在通风厨中抽风干燥至叶面无水迹。称取20 g,用剪刀剪碎,置于研钵中,加入20 mL甲醇,研磨5 min,转入布氏漏斗中抽滤,弃去滤液。

将布氏漏斗中的糊状物放回研钵,加入体积比为 3∶2 的石油醚-甲醇混合液 20 mL,研磨,抽滤。用一份 20 mL 混合液重复操作,抽干。合并两次的滤液,转入分液漏斗,每次用10 mL 水洗涤两次,弃去水-醇层,将石油醚层用无水硫酸钠干燥后滤入蒸馏瓶中,水浴加热蒸馏至剩约1 mL 残液。

2. 柱色谱分离

将选好的色谱柱垂直固定在铁架台上,加石油醚约 15 cm 深。将一小团脱脂棉用石油醚润湿,轻轻挤出气泡,用一根洁净的玻璃棒将其推入柱底狭窄部位,再将一张直径略小于柱内径的圆形滤纸推入底部,水平覆盖在棉花上。把 20 g 中性氧化铝(150~160目)通过玻璃漏斗缓缓加入,同时从柱下慢慢放出石油醚时柱内液面高度基本保持不变。必要时使用装有橡皮塞的玻璃棒轻轻敲击柱身,以使氧化铝均匀沉降。始终保持沉积面上有一段液柱。氧化铝加完后小心控制柱下活塞使液面刚好降至氧化铝沉积面相平,关闭活塞,在沉积面上再加盖一张小滤纸片。用洗管吸取上步制得的色素溶液,除留下一滴作薄层分析用之外,其余部分加入柱中。开启活塞使液面降至滤纸片处,关闭活塞。将数滴石油醚贴内壁加入以冲洗内壁,再放出液体至液面与滤纸相平。重复冲洗操作2~3 次,然后改用 9∶1(体积比)的石油醚-丙酮混合溶剂洗脱。当第一个色带(橙黄色)开始流出时更换接收瓶接收,当第一色带完全流出后更换接收瓶,并改用体积比为 7∶3的石油醚-丙酮混合液淋洗第二色带。最后改用体积比为 3∶1∶1的正丁醇-乙醇-水混合液洗脱第三和第四色带。

3. 薄层色谱检测柱效

取铺制好的羧甲基纤维素钠硅胶板 6 块,按下表顺序点样,用体积比为 8∶2 的石油醚-丙酮混合液作展开剂,展开后计算各样点的 R_f 值,观察各色带斑点颜色是否单一,以判定柱中分离是否完全(也可在一块大板上点样展开)。

薄板序号	一		二		三		四		五		六
样点序号	1	2	3	4	5	6	7	8	9	10	
点样物质	原提取液	原提取液	原提取液	第一色带	原提取液	第二色带	原提取液	第三色带	原提取液	第四色带	备用

各斑点的 R_f 值因薄层厚度及活化程度不同而略有差异。大致顺序为:第一色带 β-胡萝卜素(橙黄色, $R_f \approx 0.75$);第二色带叶黄素(黄色, $R_f \approx 0.7$);第三色带叶绿素 a(蓝绿色, $R_f \approx 0.67$);第四色带叶绿素 b(黄绿色, $R_f \approx 0.50$)。在原提取液(浓缩)的薄层板上还可以看到另一个未知色素的斑点 ($R_f \approx 0.20$)。

4. 光谱测定

将第 2 步操作中接收到的第一色带用石油醚稀释后加到 1 cm 比色皿中,以石油醚作空白对照,用分光光度计测定其在 400~600 nm 范围内的吸收。β-胡萝卜素的 λ_{max} 值为 481 nm (123 027), 453 nm (141 254)。

五、注意事项

(1) 抽滤时不宜太过,稍抽一下即可。

(2) 水洗时振摇宜轻,以免造成严重乳化。

(3) 叶黄素易溶于醇而在石油醚中溶解度小。菠菜嫩叶中叶黄素含量本来不多,经提取洗涤损失后所剩更少,故在柱色谱中不易分得黄色带,在薄层色谱中点样很淡,有可能观察不到。

六、数据记录及处理

1. 记录相应数据并计算各样点的 R_f 值。

2. 记录第 2 步操作中接收到的第一色带在 400~600 nm 范围内的吸光度 A_x,并找出其最大吸收波长 λ_{max} 值。

七、思考题

(1) 根据几种色素的结构说明柱色谱所用的洗脱溶剂。

(2) 试说明柱色谱和薄层色谱操作中的注意事项。

八、讨论

实验 30　槐花米中芦丁的色谱分离和鉴定

（综合性实验）

一、实验目的

(1) 掌握聚酰胺柱色谱和薄层色谱的操作方法。

(2) 进一步掌握薄层色谱和纸色谱的操作，用 R_f 进行定性分析方法。

(3) 熟悉从天然产物中提取活性成分的一般过程。

二、基本原理

芦丁(Rutin)亦称云香苷(Rutinoside)，广泛存在于植物中。其中以槐花米(槐树的花蕾，中药店有出售)和荞麦叶内含量较高，槐花米中含量高达 $13\% \sim 16\%$。

芦丁为维生素 P 类药物，有助于保持毛细血管的正常弹性及调节毛细血管壁的渗透性。临床上用作治疗高血压的辅助药物和毛细血管性止血药。

芦丁在沸水中的溶解度相当大($1:200$)，而在冷水中溶解度很小($1:10\ 000$)。所以可用水煮沸的方法萃取出来。芦丁与其他水溶性化合物可经聚酰胺柱色谱予以分离。在酸性介质中水解得到它的苷元槲皮素和鼠李糖、葡萄糖，这些成分可用薄层色谱和纸色谱与标样对照加以确认。

三、仪器与试剂

(1) 仪器:色谱柱 $1\ m \times 15\ mm$ 玻璃柱或用的 $50\ mL$ 酸式滴定管代替，烧杯($200\ mL$、$500\ mL$ 各 1 个)，锥形瓶($50\ mL$)，蒸馏装置 1 套，紫外分析仪，色谱用滤纸。

(2) 试剂:硅胶 G 板，聚酰胺(色谱用，市售 $15 \sim 30$ 目，磨细至 $60 \sim 100$ 目)，芦丁，槲皮素，鼠李糖，葡萄糖，槐花米，三氯化铝-乙醇溶液(2%)，浓氨水。展开剂:①乙酸乙酯:丙酮:甲酸:水($5:3:1:1$)；②正丁醇:醋酸:水($4:1:5$)。苯胺—邻苯二甲酸显色剂:将 $0.93\ g$ 苯胺和 $1.66\ g$ 邻苯二甲酸溶于 $100\ mL$ 水饱和的丁醇即可。

四、实验步骤

1. 芦丁的提取

将粉碎的槐花米 $10\ g$ 倒入 $250\ mL$ 烧杯中，加沸水 $150\ mL$，煮沸 1 h，趁热用纱布过滤。残渣中加入 $100\ mL$ 沸水煮沸 30 min，共进行两次，将三次滤液合并，放置，冷却，即有大量黄色沉淀生成。抽滤，冷水洗 $3 \sim 4$ 次沉淀，干燥，称重。

2. 芦丁的提纯

将以上所得粗芦丁约 $1\ g$(或湿芦丁 $1.5\ g$)，加甲醇 $5\ mL$，使之溶解，再加聚酰胺 $0.5\ g$，用刮刀轻轻搅动，在水浴上赶去甲醇(通风橱内进行)待用。

将色道柱垂直夹于铁架台上。推一小团脱脂棉至柱底部，加洗净的黄砂于棉花上，约 $0.5\ cm$ 厚。关闭柱塞(不要涂油脂)，加蒸馏水约至色谱柱一半高。将 $6\ g$ 色谱用聚酰胺(粒度 $60 \sim 100$ 目)倒入烧杯中，加蒸馏水 $50\ mL$，轻轻拌和均匀，在打开柱塞使柱内水不断流出的同时,把烧杯内的聚酰胺缓缓加入,边加边用套有橡皮塞的玻璃棒轻轻敲打,使填充均匀,无气泡。当色谱柱顶部水下降到距聚胺层高约 1.5 cm时,关闭旋塞。

将上述拌好聚酰胺的粗芦丁试样均匀倒入柱内,用刮刀轻轻铺平,不要有气泡,其上盖 0.5 cm 厚的黄砂(见图 2-18)。

先用蒸馏水洗脱,至有淡黄色液体从柱端流下止,然后用 70% 工业乙醇溶液洗脱,并收集洗脱液每次约 25 mL,共 5~8 次,依次编好接收瓶号。

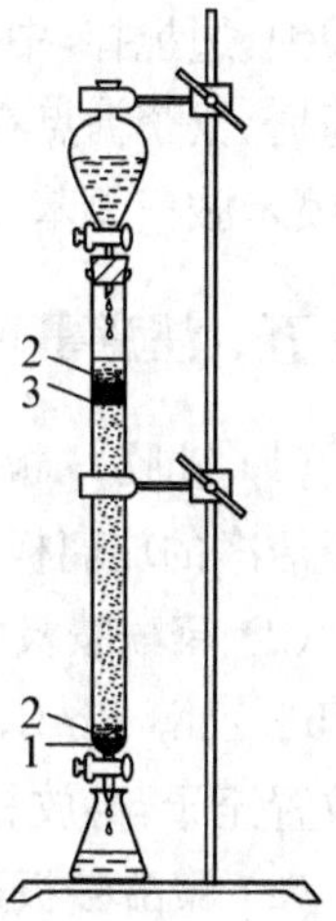

取一块 15 cm×15 cm 的硅胶 G 板,距底端 2 cm 处用铅笔轻轻划一起始线,每隔 1.5 cm,依次将上述接受液、标准芦丁和槲皮素分别点在起始线上,放于色谱缸中,加盖,进行展开[展开剂为乙酸乙酯∶丁酮∶甲酸∶水(5∶2∶1∶1)]。当展开剂前沿距板端约 3 cm 时,取出,

图 2-18　柱色谱示意图
1. 脱脂棉　2. 黄砂层
3. 试样层

晾干,在紫外灯下观察斑点,将只含芦丁的接受液合并入同一个圆底烧瓶中,在水浴上减压蒸馏,蒸去大部分溶剂后,趁热倾入一个 25 mL 的锥形瓶内,冷却,即有芦丁析出。抽滤,用稀乙醇重结晶,干燥,称重,测熔点。芦丁的淡黄色结晶含 3 分子结晶水,其熔点为 174℃~178℃。

不含水的芦丁熔点为 188℃,可用上述展开剂与标准芦丁对照鉴别,计算其 R_f 值。(如含微量槲皮素,在溶剂前沿可看到强的荧光)。喷 2% 三氯化铝或熏氨蒸气后,再在紫外灯下观察荧光的变化。

3. 芦丁的水解

将所得纯芦丁的一半放于 50 mL 圆底烧瓶内,加 25 mL 2% 硫酸水溶液,装上回流冷凝管,小火回流约 2 h,即可水解完全,此时有大量黄色沉淀物生成。水解是否完全可用薄层确定。冷却,抽滤,所得槲皮素用稀乙醇重结晶一次,干燥,称重,测熔点。注意滤液不要弃去,留作检验水解糖用。

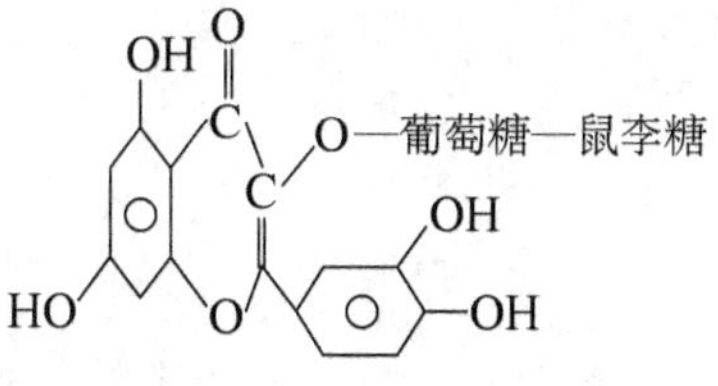

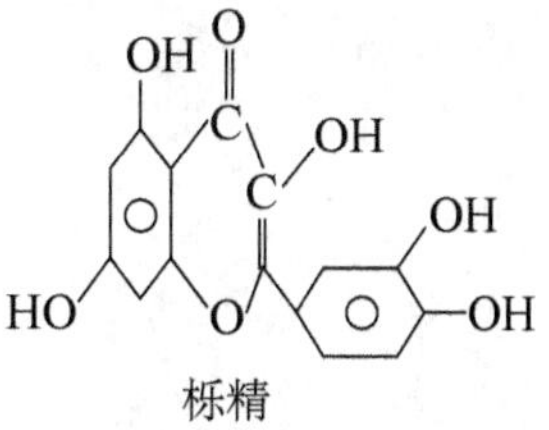

芦丁

槲精

含 2 分子结晶水的槲皮素,熔点 313~314℃,不含结晶水的槲皮素,熔点 316℃。

将实验中所制得的槲皮素与标准槲皮素分别点在硅胶 G 板上,用甲苯∶氯仿∶丙酮∶甲酸(8∶5∶7∶1)展开。紫外灯下观察斑点荧光,喷 2% 三氯化铝乙醇溶液或熏氨后再观察荧光的变化,计算其 R_f 值。

芦丁和槲皮素亦可在聚酰胺薄板上展开,展开剂为氯仿∶甲醇(5∶4)或氯仿∶甲醇∶丁酮∶乙酰丙酮(16∶10∶5∶1)。

4. 水解糖的纸色谱识别

将芦丁的水解实验中抽滤所得的母液倒入烧杯内,放于石棉网上,小火加热,边加入固体碳酸钡,边搅拌,中和至无气泡放出。抽滤,除掉生成的硫酸钡,将溶液浓缩至数毫升,与标准葡萄糖、鼠李糖点在同一条色谱滤纸上,展开剂用正丁醇:醋酸:水(4:1:5)。展开完毕,烘干,喷苯胺—邻苯二甲酸显色剂,在 105℃烘 10 min,棕色斑点显现。计算其 R_f 值。

五、注意事项

(1) 硅胶 G 板的制备:硅胶 G 与 0.6%羧甲基纤维素(CMC)水溶液 1:3 在研钵中混匀,涂于洁净的玻璃板上,晾干后,于 110℃活化半小时,放于干燥器中备用。

(2) 聚酰胺板的制备:称取 1 g 色谱用聚酰胺,加入 85%甲酸 6.5 mL,待完全溶解后,加入 75%乙醇 2 mL,摇匀后,过滤除去不溶物。将此溶液涂布在于净的玻璃板上,在室温下水平放置至干,再放托盘中用清水漂洗,彻底除去甲酸,晾干后即可使用(不用放干燥器保存)。

(3) 聚酰胺板适于分离能形成氢键的化合物,对多酚基化合物分离效果甚佳。制板后不宜放置过久。当聚酰胺凝固、变成白色便可用清水漂洗。要让龙头水直接冲到板上,可在托盘的一侧放一小玻璃板,自来水自龙头用胶管导至玻板,缓冲后再流经托盘。

六、数据记录及处理

记录相应数据并计算样品展开后的 R_f 值。

七、思考题

(1) 为什么从槐花米中提取芦丁时,开始不能加冷水慢慢煮沸,而要直接加沸水摄取?

(2) 试列出用聚酰胺柱色谱分离混合物时,常用溶剂洗脱能力大小的顺序。

(3) 芦丁和其苷元槲皮素在聚酰胺柱色谱上用 70%乙醇洗脱时,哪个先被洗脱下来?

八、讨论

第三章

有机化学实验

第一节 有机化学实验基本知识

一、有机化学实验常用仪器、设备和应用范围

现将有机化学实验中所用的玻璃仪器、金属用具、电学仪器及一些其他设备分别介绍如下：

1. 玻璃仪器

有机实验玻璃仪器(见图 3-1、图 3-2)，按其口塞是否标准及磨口，可分为标准磨口仪器及普通仪器两类。标准磨口仪器由于可以相互连接，使用时既省时方便又严密安全，它将逐渐代替同类普通仪器。使用玻璃仪器时皆应轻拿轻放。容易滑动的仪器(如圆底烧瓶)，不要重叠放置，以免打破。

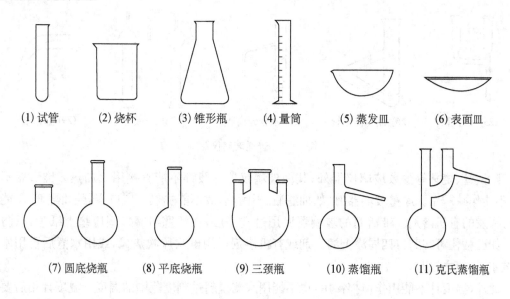

(1) 试管　　(2) 烧杯　　(3) 锥形瓶　　(4) 量筒　　(5) 蒸发皿　　(6) 表面皿

(7) 圆底烧瓶　(8) 平底烧瓶　(9) 三颈瓶　(10) 蒸馏瓶　(11) 克氏蒸馏瓶

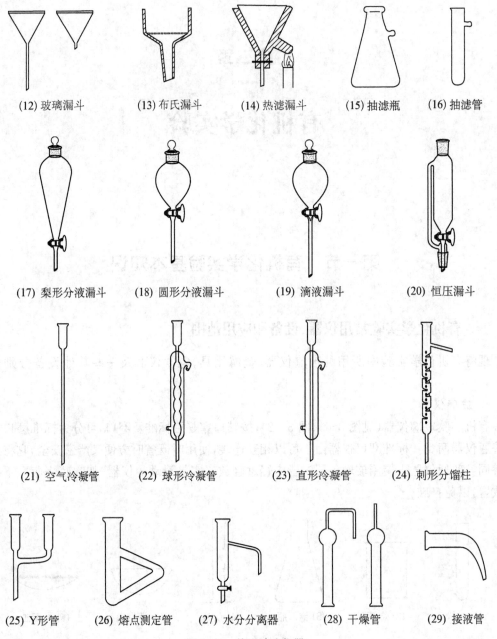

(12) 玻璃漏斗　　(13) 布氏漏斗　　(14) 热滤漏斗　　(15) 抽滤瓶　　(16) 抽滤管

(17) 梨形分液漏斗　　(18) 圆形分液漏斗　　(19) 滴液漏斗　　(20) 恒压漏斗

(21) 空气冷凝管　　(22) 球形冷凝管　　(23) 直形冷凝管　　(24) 刺形分馏柱

(25) Y形管　　(26) 熔点测定管　　(27) 水分分离器　　(28) 干燥管　　(29) 接液管

图 3-1　普通玻璃仪器

　　除试管、烧杯等少数玻璃仪器外，其他玻璃仪器一般都不能直接用火加热。锥形瓶不耐压，不能作减压用。厚壁玻璃器皿(如抽滤瓶)不耐热，故不能加热。广口容器(如烧杯)不能贮放易挥发的有机溶剂。带活塞的玻璃器皿用过洗净后，在活塞与磨口间应垫上纸片，以防粘住。如已粘住可在磨口四周涂上润滑剂或有机溶剂后用电吹风吹热风，或用水煮后再用木块轻敲塞子，使之松开。

　　此外，温度计不能用作搅拌棒用，也不能用来测量超过刻度范围的温度。温度计用后要缓慢冷却不可立即用冷水冲洗以免炸裂。

　　有机化学实验，最好采用标准磨口的玻璃仪器。这种仪器可以和相同编号的磨口相互连接,即可免去配塞子及钻孔等手续,也能免去反应物或产物被软木塞或橡皮塞所玷污。标准磨口玻璃仪器口径的大小,通常用数字编号来表示,该数字是指磨口最大端直径的毫米整数。常用的有 10 mm、14 mm、19 mm、24 mm、29 mm、34 mm、40 mm、50 mm 等。有时也用两组数字来表示,另一组数字表示磨口的长度。例如 14/30,表示此磨口直径最大处为 14 mm,磨口长度为 30 mm。相同编号的磨口、磨塞可以紧密连接。有时两个玻璃仪器,因磨口编号不同无法直接连接时,则可借助不同编号的磨口接头(或称大小头)[见图 3-2(9)]使之连接。

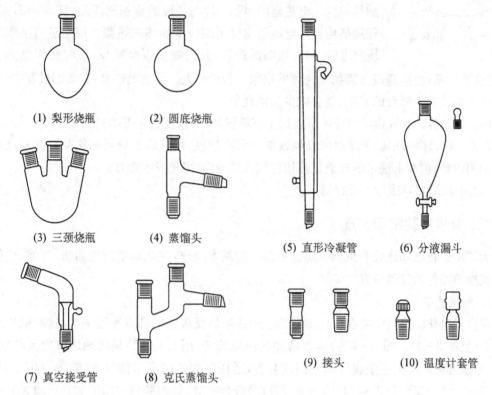

(1) 梨形烧瓶　　(2) 圆底烧瓶　　(3) 三颈烧瓶　　(4) 蒸馏头　　(5) 直形冷凝管　　(6) 分液漏斗　　(7) 真空接受管　　(8) 克氏蒸馏头　　(9) 接头　　(10) 温度计套管

图 3-2　标准口玻璃仪器

使用标口玻璃仪器时注意:

(1) 磨口处必须洁净,若粘有固体杂物,会使磨口对接不严密导致漏气。若有硬质杂物,更会损坏磨口。

(2) 用后应拆卸洗净。否则若长期放置,磨口的连接处常会粘牢,难以拆开。

(3) 一般用途的磨口无需涂润滑剂,以免沾污反应物或产物。若反应中有强碱,则应涂润滑剂,以免磨口连接处因碱腐蚀粘牢而无法拆开。减压蒸馏时,磨口应涂真空脂,以免漏气。

(4) 安装标准磨口玻璃仪器装置时,应注意安得正确、整齐、稳妥,使磨口连接处不受歪斜的应力,否则易将仪器折断,特别在加热时仪器受热,应力更大。

2. 金属用具

有机实验中常用的金属用具有:铁架,铁夹,铁圈,三脚架,水浴锅,镊子,剪刀,三角锉刀,圆锉刀,压塞机,打孔器,水蒸气发生器,煤气灯,不锈钢刮刀,升降台等。

3. 电学仪器及小型机电设备

(1) 电吹风。实验室中使用的电吹风应可吹冷风和热风,供干燥玻璃仪器之用。宜放干燥处,防潮、防腐蚀。定期加润滑油。

(2) 电炉。

图 3-3 电热套

(3) 电加热套(或叫电热帽)。它是玻璃纤维包裹着电热丝织成帽状的加热器(见图 3-3),加热和蒸馏易燃有机物时,由于它不是明火,因此具有不易引起着火的优点,热效率也高。加热温度用调压变压器控制,最高温度可达 400℃左右,是有机试验中一种简便、安全的加热装置。电热套的容积一般与烧瓶的容积相匹配,从 50 mL 起,各种规格均有。电热套主要用做回流加热的热源。用它进行蒸馏或减压蒸馏时,随着蒸馏的进行,瓶内物质逐渐减少,这时使用电热套加热,就会使瓶壁过热,造成蒸馏物被烤焦的现象。若选用大一号的电热套,在蒸馏过程中,不断降低垫电热套的升降台的高度,就会减少烤焦现象。

(4) 烘干器。通过热风和冷风可以烘干玻璃仪器,可以控制温度的高低。

(5) 烘箱。烘箱用以干燥玻璃仪器或烘干无腐蚀性、加热时不分解的物品。挥发性易燃物或刚用酒精、丙酮淋洗过的玻璃仪器切勿放入烘箱内,以免发生爆炸。

(6) 电动搅拌器或磁力搅拌器。

二、有机实验常用装置

为了便于查阅和比较有机化学实验中常见的基本操作,在此集中讨论回流、蒸馏、气体吸收及搅拌等操作的仪器装置。

1. 回流装置

很多有机化学反应需要在反应体系的溶剂或液体反应物的沸点附近进行,这时就要用回流装置(见图 3-4)。图 3-4(1)是普通加热回流装置;图 3-4(2)是防潮加热回流装置;图 3-4(3)是可吸收反应中生成气体的回流装置,适用于回流时有水溶性气体(如:HCl、HBr、SO_2 等)产生的实验;图 3-4(4)为回流时可以同时滴加液体的装置。回流加热前应先放入沸

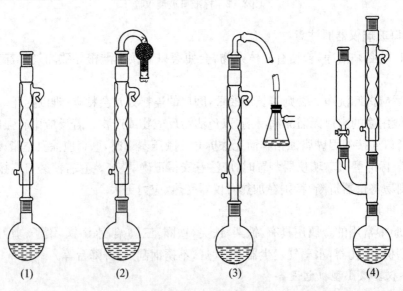

(1)　　　　(2)　　　　(3)　　　　(4)

图 3-4　回流装置

石,根据瓶内液体的沸腾温度,可选用水浴、油浴或石棉网直接加热等方式。在条件允许下,一般不采用隔石棉网直接用明火加热的方式。回流的速率应控制在液体蒸汽浸润不超过两个球为宜。

2. 蒸馏装置

蒸馏是分离两种以上沸点相差较大的液体和除去有机溶剂的常用方法。几种常用的蒸馏装置(见图3-5),可用于不同要求的场合。图3-5(1)是最常用的蒸馏装置,由于这种装置出口处与大气相通,可能逸出馏液蒸汽,若蒸馏易挥发的低沸点液体时,需将接液管的支管连上橡皮管,通向水槽或室外。支管口接上干燥管,可用作防潮的蒸馏。

图3-5(2)是应用空气冷凝管的蒸馏装置,常用于蒸馏沸点在140℃以上的液体。若使用直形水冷凝管,由于液体蒸汽温度较高而会使冷凝管炸裂。图3-5(3)为蒸除较大量溶剂的装置,由于液体可自滴液漏斗中不断地加入,既可调节滴入和蒸出的速度,又可避免使用较大的蒸馏瓶。

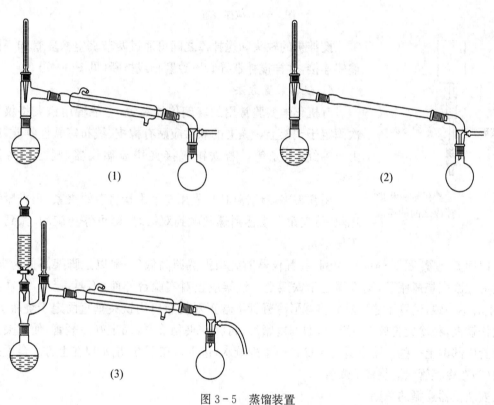

(1)　　　　(2)

(3)

图3-5　蒸馏装置

3. 搅拌装置

当反应在均相溶液中进行时,一般可以不搅拌,因为加热时溶液存在一定程度的对流,从而保持液体各部分均匀地受热。如果是非均相间反应,或反应物之一需逐渐滴加时,为了尽可能使其迅速均匀地混合,以避免因局部过浓过热而导致其他副反应发生或有机物的分解;有时反应产物是固体,如不搅拌将影响反应顺利进行。在这些情况下均需进行搅拌操作。在许多合成实验中若使用搅拌装置不但可以较好地控制反应温度,同时也能缩短反应时间和提高产率。常用的搅拌装置见图3-6。图3-6(1)是可同时进行搅拌、回流和自滴液漏斗加入液体的实验装置;图3-6(2)的装置可同时测量反应的温度;图3-6(3)是带干燥管的搅拌装置;图3-6(4)是磁力搅拌。

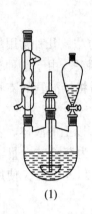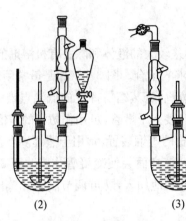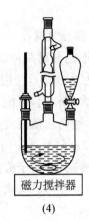

磁力搅拌器

(1)　　　　　(2)　　　　　(3)　　　　　(4)

图3-6　搅拌装置

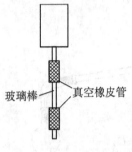

玻璃棒　　真空橡皮管

图3-7　搅拌机轴头和搅拌棒之间的连接

搅拌机的轴头和搅拌棒之间可通过两节真空橡皮管和一段玻璃棒连接,这样搅拌器导管不致磨损或折断(见图3-7)。

4. 仪器装置方法

有机化学实验常用的玻璃仪器装置,一般皆用铁夹将仪器依次固定于铁架上。铁夹的双钳应贴有橡皮、绒布等软性物质,或缠上石棉绳、布条等。若铁钳直接夹住玻璃仪器,则容易将仪器夹坏。

用铁夹夹玻璃器皿时,先用左手手指将双钳夹紧,再拧紧铁夹螺丝,待夹钳手指感到螺丝触到双钳时,即可停止旋动,做到夹物不松不紧。

以回流装置[图3-4(2)]为例,装置仪器时先根据热源高低(一般以三脚架高低为准)用铁夹夹住圆底烧瓶瓶颈,垂直固定于铁架上。铁架应正对实验台外面,不要歪斜。若铁架歪斜,重心不一致,装置不稳。然后将球形冷凝管下端正对烧瓶口用铁夹垂直固定于烧瓶上方,再放松铁夹,将冷凝管放下,使磨口磨塞塞紧后,再将铁夹稍旋紧,固定好冷凝管,使铁夹位于冷凝管中部偏上一些。用合适的橡皮管连接冷凝水,进水口在下方,出水口在上方。最后按图3-4(2)在冷凝管顶端装置干燥管。

安装仪器遵循的总则:

(1) 先下后上,从左到右。

(2) 正确、整齐、稳妥、端正;其轴线应与实验台边沿平行。

三、常用溶剂纯化方法

市售的有机溶剂有工业、化学纯和分析纯等各种规格。在有机合成中,通常根据反应特性来选择适宜规格的溶剂,以便使反应顺利进行而又不浪费试剂。但对某些反应来说,对溶剂纯度要求特别高,即使只有微量有机杂质和痕量水的存在,常常对反应速度和产率也会发生很大的影响,这就须对溶剂进行纯化。此外,在合成中如须用大量纯度较高的有机溶剂时,考虑到分析纯试剂价格昂贵,也常常用工业级的普通溶剂自行精制后供实验室使用。

（一）乙醇

由于乙醇和水能形成共沸物,故工业乙醇的含量为 95.6%,其中尚含 4.49% 的水。为了制得纯度较高的乙醇,实验室中用工业乙醇与氧化钙长时间回流加热,使乙醇中水与 CaO 作用,生成不挥发的 $Ca(OH)_2$ 来除去水分。这样制得的乙醇含量可达 99.5%,通常称为无水乙醇,如需高度干燥的乙醇,可用金属镁或金属钠将制得的无水乙醇或者用分析纯的无水乙醇（含量不少于 99.5%）进一步处理制得绝对乙醇。

$$Mg + 2C_2H_5OH \longrightarrow Mg(OC_2H_5)_2 + H_2$$

$$Mg(OC_2H_5)_2 + 2H_2O \longrightarrow Mg(OH)_2 + 2C_2H_5OH \text{ 或}$$

$$2Na + 2C_2H_5OH \longrightarrow 2C_2H_5ONa + H_2$$

$$C_2H_5ONa + H_2O \Longleftrightarrow NaOH + C_2H_5OH$$

在用金属钠处理时,由于生成的 NaOH 和乙醇之间存在平衡,使醇中水不能完全除去,因而必须加入邻苯二甲酸二乙酯或丁二酸二乙酯,通过皂化反应除去反应中生成的 NaOH。

$$\text{苯环}\begin{matrix}\text{—COOC}_2\text{H}_5\\\text{—COOC}_2\text{H}_5\end{matrix} + 2NaOH \longrightarrow \text{苯环}\begin{matrix}\text{—COONa}\\\text{—COONa}\end{matrix} + 2C_2H_5OH$$

1. 无水乙醇（含量 99.5%）的制备

在 250 mL 圆底烧瓶中加入 100 mL 95.6% 乙醇和 25% 生石灰,用塞子塞住瓶口,放置至下次实验。

下次实验时,拔去塞子,装上回流冷凝管,其上端接一 $CaCl_2$ 干燥管。在水浴上加热回流 2 h,稍冷后,拆去回流冷凝管改成蒸馏装置。用水浴加热,蒸去前馏分,再用已称量的干燥瓶作接受器,蒸馏至几乎无液滴流出为止。立即用空心塞塞住无水乙醇的瓶口,称重,计算回收率。

2. 绝对乙醇（含量 99.95%）的制备

（1）用金属镁制备。装上回流装置,冷凝管上端接一 $CaCl_2$ 干燥管。在 100 mL 圆底烧瓶中放入 0.3 g 干燥的镁条（或镁屑）,10 mL 99.5% 乙醇和几小粒碘,用热水浴温热（注意此时不要振摇）,不久在碘周围的镁发生反应,观察到碘棕色减退,镁周围变浑浊,并伴随着氢气的放出。随着反应的扩大,碘的颜色逐渐消失,有时反应可以相当激烈。待反应稍缓和后,继续加热使镁基本上反应完毕。然后加入 40 mL 99.5% 乙醇和几粒沸石,加热回流 0.5 h。改成蒸馏装置,用水浴加热,蒸去前馏分,再用干燥瓶作接受器,蒸馏至几乎无液滴流出为止。

（2）用金属钠制备。装置同上。在 100 mL 圆底烧瓶中放入 1 g 金属钠和 50 mL 99.5% 乙醇,加入几粒沸石。加热回流 0.5 h,然后加入 2 g 邻苯二甲酸二乙酯,再回流 10 min。用水浴加热,蒸去前馏分,再用干燥瓶作接受器,蒸馏至几乎无液滴流出为止。

纯粹乙醇：b. p. $= 78.85℃$; m. p. $= -115℃$; $n_D^{20} = 1.3616$; $d_4^{20} = 0.7893$。

附注：

（1）本实验中所用仪器必须绝对干燥。由于无水乙醇具有很强的吸水性,故操作过程中和存放时必须防止水分侵入。

（2）如用空心塞就必须用手巾纸将瓶口生石灰擦去，否则不易打开。

（3）若不放置，则可适当延长回流时间。

（二）乙醚

普通乙醚中含有少量水和乙醇，在保存乙醚期间，由于与空气接触和光的照射，通常除了上述杂质外还含有二乙基过氧化物$(C_2H_5)_2O_2$。这对于要求用无水乙醚作溶剂的反应（如 Grignard 反应）不仅影响反应，且易发生危险。因此，在制备无水乙醚时，首先须检验有无过氧化物存在。为此取少量乙醚与等体积的 2% 碘化钾溶液，再加入几滴稀盐酸一起振摇，振摇后的溶液若能使淀粉显蓝色，证明有过氧化物存在。此时应按下述步骤处理。

在分液漏斗中加入普通乙醚，再加入相当于乙醚体积的 1/5 的新配制 $FeSO_4$ 溶液，剧烈摇动后分去水层。醚层在干燥瓶中用无水 $CaCl_2$ 干燥，间隙振摇，放置 24 h，这样可除去大部分水和乙醇。蒸馏收集 34～35℃ 馏分，在收集瓶中压入钠丝，然后用带 $CaCl_2$ 干燥管的软木塞塞住，或者在木塞中插入二端拉成毛细管的玻璃管，这样可使产生的气体逸出，并可防止潮气侵入。放置 24 h 以上，待乙醚中残留的痕量水和乙醇转化为氢氧化钠和乙醇钠后，才能使用。

纯粹乙醚：b. p. $= 34.51℃$；m. p. $= -117.4℃$；$n_D^{20} = 1.3526$；$d_4^{20} = 0.71378$。

附注：

（1）$FeSO_4$ 溶液的配制：在 55 mL 水中加入 3 mL 浓硫酸，然后加入 30 g $FeSO_4$。此溶液必须在使用时配制，放置过久易氧化变质。

（2）乙醚沸点低，极易挥发，严禁用明火加热，可用事先准备好的热水浴加热，或者用变压器调节的电热锅加热。尾气出口通入水槽，以免乙醚蒸汽散发到空气中。由于乙醚蒸汽比空气重（约为空气的 2.5 倍），容易聚集在桌面附近或低洼处。当空气中含有 1.85～36.5 的乙醚蒸汽时，遇火即会发生燃烧爆炸，因此蒸馏时必须严格遵守操作规程。

（三）氯仿

普通氯仿中含有 1% 的乙醇，这是为了防止氯仿分解为有毒的光气，作为稳定剂加入于氯仿中的。

为了除去乙醇，可将氯仿与为其一半体积的水在分液漏斗中振荡数次，然后分出下层氯仿，用无水 $CaCl_2$ 或无水 K_2CO_3 干燥。

另一种提纯法是将氯仿与小量浓硫酸一起振摇数次。每 500 mL 氯仿，约用 25 mL 浓硫酸洗涤，分去酸层后，用水洗涤，干燥后蒸馏。

注意：除去乙醇的无水氯仿必须保存于棕色瓶中，并放于柜中，以免在光的照射下分解产生光气。氯仿绝对不能用金属钠来干燥，否则会发生爆炸。

纯粹氯仿：b. p. $= 61.7℃$；m. p. $= -63.5℃$；$n_D^{20} = 1.4459$；$d_4^{20} = 1.4832$。

（四）二氯甲烷

使用二氯甲烷比氯仿安全，因此常常用它来代替氯仿作为比水重的萃取溶剂。普通二氯甲烷一般都能直接作萃取剂使用。如需纯化，可用 5% Na_2CO_3 溶液洗涤，再用水洗涤，然后再用无水 $CaCl_2$ 干燥，蒸馏收集 40～41℃ 的馏分。

纯粹二氯甲烷：b. p. $= 40℃$；m. p. $= -97℃$；$n_D^{20} = 1.4242$；$d_4^{20} = 1.3266$。

（五）丙酮

普通丙酮中常含有少量水及甲醇、乙醛等还原性杂质，分析纯的丙酮中即使有机杂质含量已少于 0.1%，而水的含量仍达 1%，它的纯化采用如下方法：

在 500 mL 丙酮中加入 2～3 g KMnO$_4$ 加热回流，以除去少量还原性杂质。若紫色很快消失，则需再加入少量 KMnO$_4$ 继续回流，直至紫色不再消失为止，蒸出丙酮，然后用无水 K$_2$CO$_3$ 和无水 CaCO$_3$ 干燥，蒸馏收集 56～57℃馏分。

纯粹丙酮：b. p. = 56.2℃；m. p. = −94℃；n_D^{20} = 1.358 8；d_4^{20} = 0.789 9。

（六）二甲亚砜(DMSO)

二甲亚砜是能与水互溶的高极性的非质子溶剂，因而广泛用作有机反应和光谱分析中的试剂。它易吸潮，常压蒸馏时还会有些分解。若要制备无水二甲亚砜，可以用活性 Al$_2$O$_3$、BaO 或 CaSO$_4$ 干燥过夜。然后滤去干燥剂，在减压下蒸馏收集 75～76℃/12 mmHg 或 85～87℃/20 mmHg 的馏分，放入分子筛贮存待用。

纯粹二甲亚砜：b. p. = 189℃；m. p. = 18.45℃；n_D^{20} = 1.477 0；d_4^{20} = 1.101 4。

（七）苯

分析纯的苯通常可供直接使用。假如需要无水苯，则可用无水 CaCl$_2$ 干燥过夜，过滤后，压入钠丝（见乙醚）。普通苯中噻吩（沸点 84℃）为主要杂质，为了制得无水无噻吩的苯可用下法精制。

在分液漏斗中将苯与相当于苯体积 10% 的浓硫酸一起振摇，弃去底层酸液，再加入新的浓硫酸，这样重复操作直到酸层呈现无色或淡黄色，且检验无噻吩存在为止。苯层依次用水、10% Na$_2$CO$_3$ 溶液、水洗涤，经 CaCl$_2$ 干燥后蒸馏，收集 80℃的馏分，压入钠丝（见乙醚纯化）保存待用。

噻吩的检验：取 5 滴苯于小试管中，加入 5 滴浓硫酸及 1～2 滴 1% 靛红的浓硫酸溶液；振摇片刻，如呈墨绿色或蓝色，表示有噻吩存在。

纯粹苯：b. p. = 80.1℃；m. p. = 5.5℃；n_D^{20} = 1.500 1；d_4^{20} = 0.878 7。

（八）乙酸乙酯

分析纯的乙酸乙酯含量为 99.5%，可供一般应用。工业乙酸乙酯含量为 95%～98%，含有少量水、乙醇和乙酸，可用下列方法提纯。

于 1 L 乙酸乙酯中加入 100 mL 乙酸酐和 19 滴浓硫酸，加热回流 4 h，以除去水和乙醇。然后进行分馏，收集 76～77℃的馏分，馏分用 20～30 g 无水 K$_2$CO$_3$ 振荡，过滤后，再蒸馏。收集产物沸点为 77℃，纯度达 99.7%。

纯粹乙酸乙酯：b. p. = 77.06℃；m. p. = −83℃；n_D^{20} = 1.372 3；d_4^{20} = 0.900 3。

第二节　有机化学实验基本操作

实验 31　常压蒸馏

一、实验目的

（1）了解常压蒸馏及沸点测定的原理及应用范围。

（2）熟悉常压蒸馏的装置，学会装配、拆卸仪器的方法及常压蒸馏的基本操作。

（3）掌握常量法测定沸点的方法。

二、基本原理

液态物质受热沸腾化为蒸汽，蒸汽经冷凝又转变为液体，这个操作过程就称作蒸馏。在常压（101.3 KPa）下进行的蒸馏，称为常压蒸馏。蒸馏是纯化和分离液态物质的一种常用方法，通过蒸馏还可以测定纯液态物质的沸点。

纯的液态物质在一定压力下具有确定的沸点，不同的物质具有不同的沸点。蒸馏操作就是利用不同物质的沸点差异对液态混合物进行分离和纯化。当液态混合物受热时，由于低沸点物质易挥发，首先被蒸出，而高沸点物质因不易挥发或挥发出的少量气体易被冷凝而滞留在蒸馏瓶中，从而使混合物得以分离。不过，只有当组分沸点相差在 30℃ 以上时，蒸馏才有较好的分离效果。如果组分沸点差异不大，就需要采用分馏操作对液态混合物进行分离和纯化。

需要指出的是，具有恒定沸点的液体并非都是纯化合物，因为有些化合物相互之间可以形成二元或三元共沸混合物，而共沸混合物不能通过蒸馏操作进行分离。通常，纯化合物的沸程（沸点范围）较小（约 0.5~1℃），而混合物的沸程较大。因此，蒸馏操作既可用来定性地鉴定化合物，也可用以判定化合物的纯度。

三、仪器和试剂

（1）仪器：圆底烧瓶，直形冷凝管，蒸馏头，温度计（100℃），接液管，水浴加热装置。

（2）试剂：乙酸乙酯。

四、实验装置图

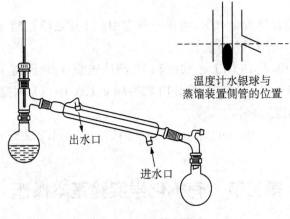

温度计水银球与
蒸馏装置侧管的位置

出水口

进水口

图 3-8　常压蒸馏装置

五、实验步骤

以"先下后上，从左到右"的安装原则装配蒸馏烧瓶、冷凝管、接液管和接受瓶，然后将待蒸馏液体，30 mL 乙酸乙酯溶液从蒸馏烧瓶颈口加入到瓶中，投入 2~3 粒沸石，再配置温度计

（见图 3－8）。

全面仔细检查整套装置的气密性，接通冷凝水，开始加热，使瓶中液体沸腾。控制蒸馏速度，以 1～2 滴/s 为宜。在蒸馏过程中，注意蒸馏瓶中的现象及温度计读数的变化。记下第一滴馏出液流出时的温度，蒸馏开始。在达到待蒸馏物沸点前，常有少量低沸点液体先蒸出，称为前馏分。当温度计读数稳定后，另换一个接受瓶收集馏分。如果仍然保持平稳加热，但不再有馏分流出，而且温度会突然下降，这表明该段馏分已近蒸完，需停止加热，假使温度变化不大，也不应将瓶内液体蒸干，当蒸馏瓶内只剩下少量（约 1 mL）液体时停止加热，以免发生意外。稍冷却后，关闭冷凝水，按与装配仪器相反的顺序拆卸仪器。

六、注意事项

（1）蒸馏烧瓶大小的选择依待蒸馏液体的量而定。通常，待蒸馏液体的体积约占蒸馏烧瓶体积的 1/3～2/3。

（2）沸石是一种带多孔性的物质，如素瓷片或毛细管。当液体受热沸腾时，沸石内的小气泡就成为气化中心，使液体保持平稳沸腾。如果蒸馏已经开始，但忘了投沸石，此时千万不要直接投放沸石，以免引发暴沸。正确的做法是，先停止加热，待液体稍冷片刻后再补加沸石。

（3）无论何时，都不要使蒸馏烧瓶蒸干，以防意外。

七、数据记录及处理

（1）记录第一滴馏出液流出时的温度。

（2）记录蒸出前馏分后，温度计趋于稳定恒定时的温度及最后一滴馏出液流出时的温度，即为该馏分的沸程。

（3）记录所收集馏分的体积，并计算回收率。

八、思考题

（1）在常压蒸馏装置中，若温度计水银球的位置在支管的上端或接触到液面上，会出现什么结果？

（2）蒸馏时加入沸石的作用是什么？如果蒸馏前忘加沸石，能否立即将沸石加至将近沸腾的液体中？当重新进行蒸馏时，用过的沸石能否继续使用？

九、讨论

实验 32　水蒸气蒸馏

一、实验目的

（1）熟悉水蒸气蒸馏的原理和适用范围。

（2）能正确选用、组装和使用相关仪器。

(3) 掌握水蒸气蒸馏的基本操作。

二、基本原理

将水蒸气通入不溶于水的有机物中或使有机物与水经过共沸而蒸出,这个操作过程称为水蒸气蒸馏。水蒸气蒸馏是分离和提纯液态或固态有机物的一种方法。

根据分压定律,当水与有机物混合共热时,其蒸气压为各组分之和。即 $P_{混合物} = P_{水} + P_{有机物}$

如果水的蒸气压和有机物的蒸气压之和等于大气压,混合物就会沸腾,有机物和水就会一起被蒸出。显然,混合物沸腾时的温度要低于其中任一组分的沸点。换句话说,有机物可以在低于其沸点的温度条件下被蒸出。从理论上讲,馏出液中有机物($W_{有机物}$)与水($W_{水}$)的重量之比,应等于两者的分压($P_{有机物}$ 和 $P_{水}$)与各自分子量($M_{有机物}$ 和 $M_{水}$)乘积之比:

$$\frac{W_{有机物}}{W_{水}} = \frac{P_{有机物} \times M_{有机物}}{P_{水} \times M_{水}}$$

因此被蒸馏的有机物蒸气压越大,蒸馏液中的量越多。

由于有机物与水共热沸腾的温度总在 100℃ 以下,因此,水蒸气蒸馏操作特别适用于在高温下易发生变化的有机物分离。当然,有机物还须在沸腾下与水长时间共存而不起化学反应,且不溶于水。此外,那些含有大量树脂状杂质、直接用蒸馏或重结晶等方法难以分离的混合物也可以采用水蒸气蒸馏的方法来分离。

三、仪器和试剂

(1) 仪器:水蒸气发生器,长颈圆底烧瓶,直形冷凝管,接液管,安全管,T 形管,电炉。
(2) 试剂:水杨酸甲酯(俗称:冬青油)。

四、实验装置图

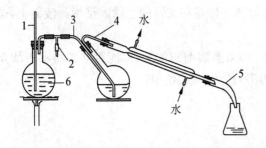

1—安全管
2—T 型管
3—水蒸气进口管
4—水汽蒸馏馏出液出口管
5—接液管
6—水蒸气发生器

图 3-9　水蒸气蒸馏装置

五、实验步骤

依序安装水蒸气发生器(水容积不超过 2/3)、圆底烧瓶、冷凝管、接引管和接受瓶[参见图 3-9]。将待分离混合物(5 mL 冬青油和 5 mL 纯化水)转入长颈圆底烧瓶中,将 T 形管活塞打开,加热水蒸气发生器使水沸腾。当有水蒸气从 T 形管支口喷出时,将支管口关闭,使水蒸气通入烧瓶。连通冷却水,使混合蒸气能在冷凝管中迅速冷凝而流入接受瓶。馏出速度以 2

滴/s 为宜。当馏出液清亮透明、不再含有油状物时,即可停止蒸馏。先打开 T 形管支口,然后停止加热。将收集液转入分液漏斗,静置分层,除去水层,即得分离产物,使用 10 mL 量筒量取其体积,记录其读数。

六、注意事项

(1) 水蒸气发生器中一定要配置安全管。可选用一根长玻璃管作安全管,管子下端要接近水蒸气发生器底部。使用时,注入的水不要过多,一般不要超出其容积的 2/3。

(2) 水蒸气发生器与烧瓶之间的连接管路应尽可能短,以减少水蒸气在导入过程中的热损耗。

(3) 导入水蒸气的玻璃管应尽量接近圆底烧瓶底部,以利提高蒸馏效率。

(4) 在蒸馏过程中,如果有较多的水蒸气因冷凝而积聚在圆底烧瓶中,可以用小火隔着石棉网在圆底烧瓶底部加热。

(5) 实验中,应经常注意观察安全管。如果其中的水柱出现不正常上升,应立即打开 T 形管,停止加热,找出原因,排除故障后再重新蒸馏。

(6) 停止蒸馏时,一定要先打开 T 形管,然后停止加热。如果先停止加热,水蒸气发生器因冷却而产生负压,会使烧瓶内的混合液发生倒吸。

七、数据记录及处理

记录回收冬青油的体积,并计算回收率。

八、思考题

(1) 适用水蒸气蒸馏的物质应具备什么条件?

(2) 水蒸气蒸馏的原理是什么? 为什么可以使一些高沸点而不稳定的有机物免于因蒸馏而破坏?

(3) 如何判断水蒸气蒸馏的馏出液中,有机组分是在上层还是在下层?

九、讨论

实验 33　减压蒸馏

一、实验目的

(1) 学习减压蒸馏的原理及其应用。
(2) 掌握减压蒸馏仪器的安装及其操作技术。

二、基本原理

减压蒸馏,顾名思义就是通过减少蒸馏系统内的压力,以降低其沸点来达到蒸馏纯化目的的蒸馏操作。实验证明:当压力降低到10~15毫米汞柱(1.3~2.0 KPa)时,许多有机化合物的沸点可以比其常压下的沸点降低80~100℃。因此,减压蒸馏对于分离或提纯沸点较高或者性质比较不稳定的液态有机化合物具有特别重要的意义。因为这类有机化合物往往加热未到沸点即已分解、氧化或聚合,或者其沸点很高很难达到,而采用减压蒸馏就可以避免这种现象的发生。所以,减压蒸馏也是分离、提纯液态有机物常用的方法。

减压蒸馏亦称真空蒸馏,一般把低于101.3 KPa压力的气态空间称为真空,因此真空在程度上有很大的差别。

在减压蒸馏实验前,应先从文献中查阅该化合物在所选压力下相应的沸点。如果缺乏此数据,常用下述经验规律大致推算,仅供参考。

当蒸馏在1 333~1 999 Pa(10~15 mmHg)下进行时,压力每相差133.3 Pa(1 mmHg)沸点相差约1℃。在实际减压蒸馏中,可以参阅图3-10,估计一个化合物的沸点与压力的关系,从某一压力下的沸点可推算另一压力下的沸点(近似值)。

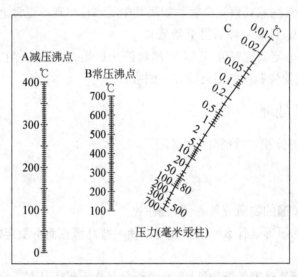

图3-10 液体在常压下的沸点和减压下的沸点近似关系图

例如,常压下沸点为250℃的某有机物,减压到10 mmHg时沸点应该是多少?可先从上图B线(中间的直线)上找出250℃的沸点,将此点与C线(右边直线)上的10 mmHg的点连成一直线,延长此直线与A线(左边的直线)相交,交点所示的温度就是10 mmHg时的该有机物的沸点,约为110℃。此沸点,虽然为估计值,但较为简便,有一定参考价值。

沸点与压力的关系也可以近似地用下式求出:

$$\lg P = A + B/T$$

P为蒸气压,T为沸点(热力学温度,K),A、B为常数。如以$\lg P$为纵坐标,T为横坐标,可以近似地得到一直线。从两组已知的压力和温度算出A和B的数值,再将所选择的压力代入上式即可算出液体的沸点。但实际上许多化合物沸点的变化并不是如此,主要是化合物分子在液体中缔合程度不同。

三、仪器和试剂

（1）仪器：水蒸气发生器，长颈圆底烧瓶，直形冷凝管，接液管，安全管，T形管，电炉。

（2）试剂：水杨酸甲酯。

四、实验装置

常用的减压蒸馏装置如图 3-11 所示。主要包括蒸馏、量压、保护和减压四部分。

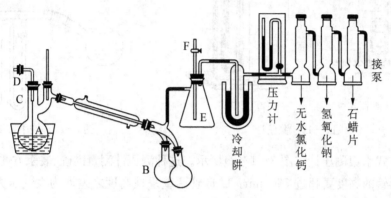

图 3-11　减压蒸馏装置

1. 蒸馏部分

主要仪器有热浴锅、双颈蒸馏烧瓶 A（又称 Claisen 克氏蒸馏烧瓶）、毛细管 C、冷凝管、多头尾接管 G、接液瓶 B 等。

通常根据馏出液沸点的不同选择合适的浴液，不能直接用火加热。减压蒸馏过程中，一般控制浴液温度比液体的沸点高 20～30℃。双颈蒸馏烧瓶 A 的设计目的是防止由于暴沸或者泡沫的发生而使混合液溅入蒸馏烧瓶支管。毛细管 C 插入到距瓶底约 1～2 mm 地方，可以防止暴沸，又可以用来平衡气压。毛细管 C 的粗口端套上一段橡皮管，用螺旋夹 D 夹住，用来调节进入瓶中的空气量。否则，将会引入大量空气，达不到减压蒸馏的目的！

蒸馏 150℃以上物质时，可用蒸馏烧瓶作为接液瓶（切勿使用三口烧瓶）；蒸馏 150℃以下物质时，接受器前应连接合适的冷凝管。如果蒸馏不能中断或要分温度段接收馏出液，则要采用多头尾接管。通过转动多头尾接管使不同馏分收集到不同接液瓶中。

2. 量压部分

主要仪器是测压计（如水银测压计），其作用是测量减压蒸馏系统的压力。水银测压计的结构如图 3-12 所示。

（1）封闭式水银测压计设计轻巧、读数方便，但是这种测压计在装汞时要严格控制不让空气进入，否则准确度受到影响。所以常用特定的装汞装置（如图 3-13 所示）进行装汞：先将纯净的汞放入小圆底烧瓶内，然后如图与测压计连接，用高效油泵抽空至 0.1 mmHg 以下。然后一边轻拍小烧瓶，使汞内的气泡逸出，一边用微热玻璃管，使气体抽出，最后把汞注入 U 形管，停止抽气、放入大气即可。

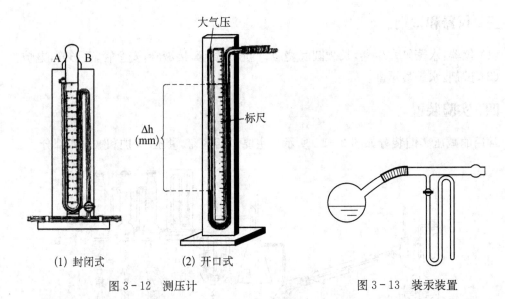

(1) 封闭式　　　(2) 开口式

图 3 - 12　测压计　　　　　图 3 - 13　装汞装置

（2）开口式水银测压计如图 3 - 12(2)所示。这种测压计测量准确、装汞方便，但是比较笨重，所用 U 形管的高度要超过 760 mm。U 形管两壁汞柱高度之差即为大气压力与系统中压力之差，所以使用时要配有大气压计。另外，由于是开口式，操作时要小心，不要使汞冲出 U 形管。

3. 保护部分

主要包括安全瓶、冷却阱和几个气体吸收塔，其作用是吸收对真空泵有损害的各种气体或者蒸汽，借以保护减压设备。

一般用吸滤瓶作安全瓶 E，因为它壁厚耐压。安全瓶的连接位置与方法如图 3 - 13 所示，活塞 F 用来调节压力及放气。冷却阱（又叫捕集管）用来冷凝水蒸气和一些低沸点物质，捕集管外用冰-盐或冰-水混合物冷却。无水氯化钙（或用硅胶）干燥塔，用来吸收经捕集管后还未除净的残余水蒸气。氢氧化钠吸收塔，用来吸收酸性蒸汽。最后装上石蜡片干燥塔，用来吸收烃类气体。

4. 减压部分

主要装置是加压泵。采用不同的减压泵，可以获得不同的真空度。用水泵可获得 1.333～100 kPa(10～760 mmHg)的真空，常称为"粗"真空；用油泵可获得 0.133～133.3 Pa(0.001～10 mmHg)的"次高"真空；用扩散泵可获得＜0.133 Pa(＜0.001 mmHg)的"高"真空。在有机化学实验室中，通常根据需要选择水泵或油泵即可达到目的。

水泵在室温下其抽空效率可以达到 8～25 毫米汞柱，此效率取决于水泵的结构、水压、水温等因素。如用水泵抽气，则减压蒸馏装置可简化如图 3 - 14 所示。由图可知安全瓶不能少，它可以防止水压下降时水流倒吸。停止蒸馏时要先放气，后关泵。

若要较低的压力，可采用油泵。好的油泵应能抽到 1 毫米汞柱以下。但是由于油泵的成本较高，所以如果能用水泵抽气的，则尽量使用水泵。一定要用油泵时，蒸馏前必须先用水泵彻底抽去系统中的有机溶剂的蒸汽，然后改用油泵，并且在蒸馏部分和减压部分之间，必须装有气体吸收装置。

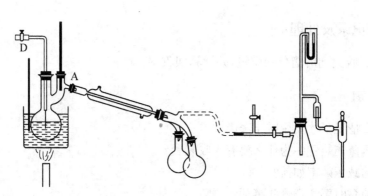

图 3-14　用水泵的减压蒸馏装置

　　减压系统必须保持管道畅通,密封不漏气,橡皮管要用厚壁的橡皮管,磨口玻璃塞涂上真空脂。另外,整套装置中的所有仪器必须是耐压的。

五、实验步骤

1. 安装、检漏

　　依据图 3-14 所示,将仪器按顺序安装好后,先检查系统能否达到所要求的压力。检查方法为:先旋紧双颈蒸馏烧瓶 A 上毛细管的螺旋夹 D,再关闭安全瓶上的活塞 F。用泵抽气,观察测压计能否达到要求的压力。若达到要求,就慢慢旋开安全瓶上的活塞,放入空气,直到内外压力相等。如果漏气,则需在漏气部位涂上熔化的石蜡。

2. 加料、抽气

　　在双颈蒸馏烧瓶中加入需要蒸馏的液体混合物,注意不得超过容积的 1/2。旋紧安全瓶上的活塞,开动抽气泵,调节安全瓶上的活塞 F,观察测压计能否达到要求的压力(粗调)。如果还有微小差距,可调节毛细管上的螺旋夹来控制导入的空气量(微调),以能冒出一连串的小气泡为宜。

3. 加热、蒸馏

　　一段时间后,系统内压力达到所要求的低压时,便开始加热。蒸馏过程中,要经常注意测压计上所指示的压力和温度计读数。控制蒸馏速度以 1～2 滴/s 为宜。待达到某一馏分的沸点时,移开热源,更换接受器,收集馏分直至蒸馏结束。

4. 后处理

　　蒸馏完毕,要停止加热,再慢慢旋开夹在毛细管上的橡皮管的螺旋夹,并慢慢打开安全瓶上的活塞放入空气(若放开得太快,水银柱很快上升,有冲破测压计的可能),平衡内外压力,使测压计的水银柱慢慢的恢复原状,然后才可以关闭抽气泵,以免抽气泵中的油倒吸入干燥塔。最后拆除仪器。

六、注意事项

(1) 减压系统必须保持管道畅通,密封不漏气。

(2) 实验中使用的玻璃仪器必须仔细检查,防止有细微裂痕。

七、数据记录及处理

记录蒸馏后收集到的馏分的质量,并计算回收率。

八、思考题

（1）在什么情况下才要用减压蒸馏？
（2）在减压蒸馏装置中为什么要有吸收装置？
（3）水泵的减压效率如何？
（4）使用油泵时要注意哪些事项？
（5）减压蒸馏过程中为什么不能直接用火加热？

九、讨论

实验34　重结晶

一、实验目的

（1）掌握配制饱和溶液、抽气过滤、趁热过滤及折叠滤纸的方法。
（2）熟悉重结晶法提纯有机化合物的原理和方法。
（3）了解重结晶的意义。

二、基本原理

利用被纯化物质与杂质在同一溶剂中的溶解性能的差异,将其分离的操作称为重结晶。重结晶是纯化固体有机化合物最常用的一种方法。

固体有机物在溶剂中的溶解度受温度的影响很大。一般来说,升高温度会使溶解度增大,而降低温度则使溶解度减小。如果将固体有机物制成热的饱和溶液,然后使其冷却,这时,由于溶解度下降,原来热的饱和溶液就变成了冷的过饱和溶液,因而有晶体析出。就同一种溶剂而言,对于不同的固体化合物,其溶解性是不同的。重结晶操作就是利用不同物质在溶剂中的不同溶解度,或者经加热过滤将溶解性差的杂质滤除;或者让溶解性好的杂质在冷却结晶过程仍保留在母液中,从而达到分离纯化的目的。

重结晶一般适合于纯化杂质含量小于5％的固体有机化合物。杂质含量多,难以结晶,甚至析出含杂质较多的油状物,达不到提纯的目的。此时最好采用萃取或水蒸气蒸馏等进行初步提纯,降低杂质含量后,再以重结晶纯化。

三、仪器和试剂

（1）仪器:圆底烧瓶,球形冷凝管,水浴加热装置,热滤漏斗,布氏漏斗,红外灯烘干箱。
（2）试剂:粗萘。

四、实验装置图

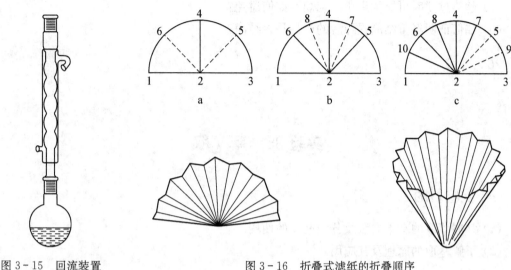

图 3-15　回流装置　　　　　图 3-16　折叠式滤纸的折叠顺序

五、实验步骤

对于 1 g 以上的固体样品纯化,一般都采用常量重结晶法。首先将待重结晶有机物(3 g 萘)装入圆底烧瓶中,加入 50 mL 70％的乙醇溶剂,投入几粒沸石,配置球形冷凝管(见图 3-15)。连通冷凝水,加热至微沸,固体萘全部溶解,停止加热,稍冷却片刻后,关冷凝水。

用经预热过的漏斗趁热过滤,滤除不溶性杂质。注意滤纸的折叠方式,参考图 3-16。所得滤液让其自然冷却至室温,使晶体析出。采用布氏漏斗及真空泵进行抽气过滤,并用 3～5 mL乙醇对晶体洗涤几次,抽干后将晶体置放在表面皿上,放置红外灯烘干箱中进行干燥。取出并称量其晶体的质量,记录数据。晶体的纯度可采用熔点测定法进行初步鉴定。

六、注意事项

(1) 在采用易挥发溶剂乙醇时通常要加入过量,以免在热过滤操作中,因溶剂迅速挥发导致晶体在过滤漏斗上析出。另外,在添加易燃乙醇时应该注意避开明火。

(2) 热过滤操作是重结晶过程中的一个重要的步骤。热过滤前,应将漏斗事先充分预热。热过滤时操作要迅速,以防止由于温度下降使晶体在漏斗上析出。

(3) 热过滤后所得滤液应让其静置冷却结晶。如果滤液中已出现絮状结晶,可以适当加热使其溶解,然后自然冷却,这样可以获得较好的结晶。

七、数据记录及处理

记录烘干后萘晶体的质量,并计算回收率。

八、思考题

(1) 重结晶一般包括哪几个步骤? 其目的是什么?

(2) 使用有机溶剂重结晶时,哪些操作容易着火? 如何避免?

(3) 在布氏漏斗上洗涤滤饼时应注意什么?

(4) 趁热过滤时可能发生哪些麻烦? 如何避免?

(5) 如何证明经重结晶提纯后的产品是否纯净?

九、讨论

实验 35 萃 取

一、实验目的

(1) 掌握萃取的基本方法及分液漏斗的使用。

(2) 了解萃取的原理及其应用。

二、基本原理

用溶剂从固体或液体混合物中提取所需要的物质,这一操作过程就称为萃取。萃取不仅是提取和纯化有机化合物的一种常用方法,而且还可有用来洗去混合物中的少量杂量。

液-液萃取是利用同一种物质在两种互不相溶的溶剂中具有不同溶解度的性质,将其从一种溶剂转移到另一种溶剂,从而达到分离或提纯目的的一种方法。

在一定温度下,同一种物质(M)在两种互不相溶的溶剂(A,B)中遵循如下分配原理:

$$K = \frac{W_M/V_A}{W'_M/V'_B}$$

式中,K 表示分配常数;W_M/V_A 表示 M 组分在体积为 V 的溶剂(A)中所溶解的克数(W);W'_M/V'_B 表示 M 组分在体积为 V' 的溶剂(B)中所溶解的克数(W')。

换句话说,物质(M)在两种互不相溶的溶剂中的溶解度之比,在一定温度下是一个常数。

上式也可以改写为:

$$K = \frac{W_M}{W'_M} \times \frac{V'_B}{V_A}$$

可见,当两种溶剂的体积相等时,分配常数 K 就等于物质(M)在这两种溶剂中的溶解度之比。显然,如果增加溶剂的体积,溶解在其中的物质(M)量也会增加。

由以上公式还可以推出,若用一定量的溶剂进行萃取,分次萃取比一次萃取的效率高。当然,这并不是说萃取次数越多,效率就越高,一般以提取三次为宜,每次所用萃取剂约相当于被萃取溶液体积的 1/3。

此外,萃取效率还与溶剂的选择密切相关。一般来讲,选择溶剂的基本原则是,对被提取物质溶解度较大;与原溶剂不相混溶;沸点低、毒性小。例如,从水中萃取有机物时常用氯仿、石油醚、乙醚、乙酸乙酯等溶剂,若从有机物中洗除其中的酸或碱或其他水溶性杂质时,可分别用稀碱或稀酸或直接用水洗涤。

三、仪器和试剂

(1) 仪器：分液漏斗，量筒，锥形瓶。
(2) 试剂：5％苯酚，乙酸乙酯，三氯化铁。

四、实验装置图

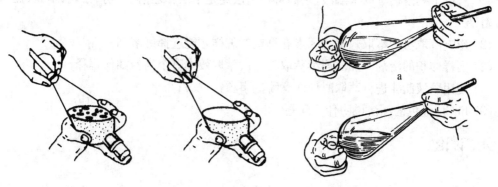

图 3－17　分液漏斗的放气方法

五、实验步骤

分液漏斗置入固定在铁架台上的铁圈中，把待萃取混合液（20 mL 含 5％的苯酚）和萃取剂（10 mL 乙酸乙酯）依次倒入分液漏斗，盖好上口塞。用右手握住分液漏斗上口，并以右手食指摁住上口塞或者掌心顶住瓶塞；左手握住分液漏斗下端的活塞部位，小心振摇、放气，再剧烈振摇 2～3 min，振荡，使萃取剂和待萃取混合液充分接触。振荡过程中，要不时将漏斗尾部向上倾斜并打开活塞，以排出因振荡而产生的气体（见图 3－17）。振荡、放气操作重复数次后，将分液漏斗再置放在铁圈上，静置分层。两相分清后，先打开分液漏斗上口塞，然后打开活塞，使下层液经活塞孔从漏斗下口慢慢放出，上层液自漏斗上口倒出。这样，萃取剂便带着被萃取物质从原混合物中分离出来。下层溶液重新倒回分液漏斗中，再用 5 mL 乙酸乙酯萃取，操作同上。

取未经萃取的 5％苯酚溶液和萃取后下层水溶液各 2 滴于点滴板上，各加入 1％ $FeCl_3$ 溶液 1～2 滴，比较各颜色的深浅。

六、注意事项

(1) 所用分液漏斗的容积一般要比待处理的液体体积大 1～2 倍。在分液漏斗的活塞上应涂上薄薄一层凡士林，注意不要抹在活塞孔中。然后转动活塞使其均匀透明。在萃取操作之前，应先加入适量的水以检查活塞处是否滴漏。

(2) 在振摇过程中要不时地放气。否则，分液漏斗中的液体易从上口塞处喷出。

(3) 不能用手握住分液漏斗的下端，也不可用手握住分液漏斗进行分离液体。

(4) 在分液时，上层液应从漏斗上口倒出，以免萃取层受污染。

（5）如果打开活塞却不见液体从分液漏斗下端流出，首先应检查漏斗上口塞是否打开。如果上口塞已打开，液体仍然放不出，那就该检查活塞孔是否被堵塞。

七、数据记录及处理

记录未萃取溶液及萃取后溶液在滴加 $FeCl_3$ 后观察到的颜色变化情况。

八、思考题

（1）若用下列溶剂萃取水溶液，它们将在上层还是下层？乙醚、氯仿、己烷、苯。（提示：参考后附录）

（2）影响萃取法的萃取效率的因素有哪些？怎样才能选择好溶剂？

（3）同样体积的溶剂分几次连续萃取与一次萃取效率哪个高？如何解释？

（4）使用分液漏斗进行萃取时应注意哪些事项？

（5）$FeCl_3$ 显色的深浅说明什么问题？

九、讨论

实验 36　熔点测定

一、实验目的

（1）掌握测定熔点的操作。

（2）了解熔点测定的意义。

二、基本原理

在大气压力下，化合物受热由固态转化为液态时的温度称为该化合物的熔点。严格地说，是指的在大气压力下化合物的固-液两相达到平衡时的温度。熔点是固体有机化合物的物理常数之一，通过测定熔点不仅可以鉴别不同的有机化合物，而且还可判断其纯度。

通常纯的有机化合物都具有确定的熔点，而且从固体初熔到全熔的温度范围（称熔程或熔距）很窄，一般不超过 $0.5 \sim 1 \, ℃$。但是，如果样品中含有杂质，就会导致熔点下降、熔距变宽。因此，通过测定熔点，观察熔距，可以很方便地鉴别未知物，并判断其纯度。显然，这一性质可用来鉴别两种具有相近或相同熔点的化合物究竟是否为同一化合物。方法十分简单，只要将这两种化合物混合在一起，并观测其熔点。如果熔点下降，而且熔距变宽，那必定是两种性质不同的化合物。需要指出的是，有少数化合物，受热时易发生分解。因此，即使其纯度很高，也不具有确定的熔点，而且熔距较宽。

三、仪器和试剂

（1）仪器：SGW X-4 显微熔点仪，毛细管，表面皿，长直玻璃管。

(2) 试剂：苯甲酸。

四、实验装置图

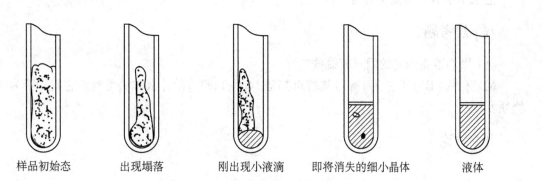

| 样品初始态 | 出现塌落 | 刚出现小液滴 | 即将消失的细小晶体 | 液体 |

图 3 - 18　固体样品的熔化过程

五、实验步骤

1. 样品的填装

将少量研细的苯甲酸样品置于干净的表面皿上，聚成小堆，将毛细管开口的一端插入其中，使样品挤入毛细管中。将毛细管开口端朝上投入准备好的长直玻璃管中，让毛细管自由落下，样品因毛细管上下弹跳而被压入毛细管底。重复几次，把样品填装均匀、密实，使装入的样品高度为 2～3 mm。

2. 熔点测定

打开电源开关，将装有苯甲酸的毛细管插入电热板的前孔中。调节显微镜的旋钮，使物体显示清晰为止。将测温仪的传感器插入电热板的侧孔，打开温度显示器。通过升温旋钮的粗调和微调旋钮调节升温速率，初始升温可以快一些，约 5℃/min；当温度升至离粗测熔点约 10℃ 时，要控制升温速度在 1℃/min 左右。如果熔点管中的样品出现塌落、湿润，甚至显现出小液滴，即表明开始熔化，记录此时的温度（即初熔温度）。继续缓缓地升温，直至样品全熔，记录全熔（即管中绝大部分固体已熔化，只剩少许即将消失的细小晶体）时的温度。固体熔化过程参见图 3 - 18。注意即使粗调和微调旋钮不动，但随着温度的升高，其升温速率也会变慢。

六、注意事项

(1) 待测样品一定要经充分干燥后再进行测定熔点。否则，含有水分的样品会导致其熔点降、熔距变宽。另外，样品还应充分研细，装样要速度快且致密均匀，否则，样品颗粒间传热不匀，也会使熔距变宽。

(2) 测温仪的传感器插入位置要正确，否则影响测量结果的准确度。

(3) 在数字温度显示最小一位在两个数之间跳动时，读其之间数字。即在 8 或 7 之间跳动时，应读 7.5℃。

(4) 在重复测量时，开关处于中间关的状态，这时加热停止，自然冷却到 10℃ 以下时，放入样品，开关打到加热，开始测量。

(5) 测量完毕，应切断电源，当热台冷却到室温时，方可将仪器装入包装箱中。

七、数据记录及处理

记录苯甲酸始熔及全熔时的温度。

八、思考题

（1）影响熔点测定的因素有哪些？
（2）有 A、B 和 C 三种样品，其熔点都是 148~149℃，用什么方法可判断它们是否为同一物质？

九、讨论

实验 37 折光率的测定

一、实验目的

（1）掌握有机化合物折射率的测定方法。
（2）了解折光率测定的应用及折光仪的构造。

二、基本原理

折光率是液体有机化合物的物理常数之一。通过测定折光率可以判断有机化合物的纯度，也可以用来鉴定未知物。

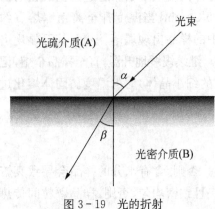

图 3-19 光的折射

在不同介质中，光的传播速度是不相同的，当光从一种介质射入到另一种介质时，其传播方向会发生改变，这就是光的折射现象。根据折射定律，光线自介质 A 射入介质 B，其入射角 α 与折射角 β 的正弦之比和两种介质的折光率成反比：

$$\frac{\sin \alpha}{\sin \beta} = \frac{n_B}{n_A}$$

若设定介质 A 为光疏介质，介质 B 为光密介质，则 $n_B > n_A$。换句话说，折射角 β 必小于入射角 α，见图 3-19。

如果入射角 $\alpha = 90°$，即 $\sin \alpha = 1$，则折射角为最大值（称为临界角，以 β_0 表示）。折光率的测定都是在空气中进行的，但仍可近似地视作在真空状态之中，即 $n_A = 1$，故有 $n = \frac{1}{\sin \beta_0}$

因此，通过测定临界角 β_0，即可得到介质的折光率 n。通常，折光率是用阿贝（Abbe）折光仪来测定，其工作原理就是基于光的折射现象。

由于入射光的波长、测定温度等因素对物质的折光率有显著影响，因而其测定值通常要标注操作条件。例如,在 20℃条件下,以钠光 D 线波长(589.3 nm)的光线作入射光所测得的四氯化碳的折光率为 1.460 0,记为 $n_D^{20}1.460\,0$。由于所测数据可读至小数点后第四位,精确度高,重复性好,因而以折光率作为液态有机物的纯度标准甚至比沸点还要可靠。另外,温度对折光率的影响呈反比关系,通常温度每升高 1℃,折光率将下降 $3.5\times10^{-4}\sim5.5\times10^{-4}$。为了方便起见,在实际工作中常以 4×10^{-4} 近似地作为温度变化常数。例如,甲基叔丁基醚在 25℃时的实测值为 1.367 0,其校正值应为:

$$n_D^{20} = 1.367\,0 + 5\times4\times10^{-4} = 1.369\,0$$

三、仪器和试剂

(1) 仪器:阿贝(Abbe)折光仪。
(2) 试剂:丙酮,重蒸馏水。

四、仪器装置图

结构:可分为观察系统和读数系统。

(1) 观察系统:反射镜、进光棱晶(镜)、折射棱晶(镜)、恒温器、棱晶锁紧扳手、色散刻度盘、消色调节旋钮、分界线调节旋钮(方孔零点调节旋钮)、观察镜筒、目镜。

(2) 读数系统:棱晶调节旋钮(刻度调节旋钮)、圆盘组(内有刻度板)、小反光镜、读数镜筒、目镜。

观察系统和读数系统通过支架、主轴相连。

五、实验步骤

1. 校正

阿贝折光仪经校正后才能作测定用,校正的方法是:将仪器放置于清洁干净的台面上,打开折光仪的棱镜(见图 3-20),开启下面棱镜,使其镜面处于水平位置,滴入 1～2 滴丙酮

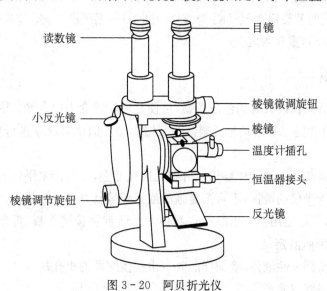

图 3-20 阿贝折光仪

于镜面上,合上棱镜,促使难挥发的污物逸走,再打开棱镜,用丝巾或擦镜纸轻轻擦拭镜面,但不能用滤纸。待镜面干后,进行校正标尺刻度。操作时严禁油手或汗手触及光学零件(注:棱镜组内有恒温水槽,因测量时的温度对折射率有影响,为了保证测定精度,在必要时可加恒温器)。

(1)用重蒸馏水校正:打开棱镜,滴入1~2滴重蒸馏水于镜面上,关紧棱镜,转动左面刻度盘,使读数镜内标尺读数等于重蒸馏水的折光率($n_D^{20} = 1.33299$,$n_D^{25} = 1.3325$),调节反射镜,使入射光进入棱镜组,从测量望远镜中观察,使视场最亮,调节测量镜,使视场最清晰。转动消色散棱镜(棱镜微调旋钮),消除色散,再用一特制的小旋子旋动右面镜筒下方的方形螺旋,分界线调至正好与目镜中的"十"字交叉中心重合[见图3-21(4)]。记录读数,若读数跟重蒸馏水的折光率接近,则可以使用。

2.测定

打开折光仪的棱镜,滴加1~2滴待测样品丙酮于磨砂面棱镜上,要求液体无气泡并充满视场,关紧棱镜。旋转反光镜使视场最亮。再转动棱镜调节旋钮,直至在目镜中可观察到半明半暗的图案。若出现彩色带,可调节消色散棱镜,使明暗界线清晰。接着,再将明暗分界线调至正好与目镜中的十字交叉中心重合[见图3-21(4)]。记录读数,重复2次,取其平均值。测定完毕,整理仪器。

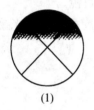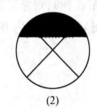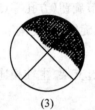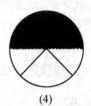

(1)　　　　　　(2)　　　　　　(3)　　　　　　(4)

图3-21　测定折光率时目镜中常见的图案

在测定折光率时常见情况如图3-21所示,其中图3-21(4)是读取数据时的图案。当遇到图3-21(1)即出现色散光带,则需调节棱镜微调旋钮直至彩色光带消失呈图3-21(2)图案,然后再调节棱镜调节旋钮直至呈图3-21(4)图案;若遇到图3-21(3),则是由于样品量不足所致,需再添加样品,重新测定。

六、注意事项

(1)由于阿贝折光仪设置有消色散棱镜,可使复色光转变为单色光。因此,可直接利用日光测定折光率,所得数据与用钠光时所测得的数据一样。但须对仪器进行校正才能得到正确结果。

(2)滴在折光棱镜面上的液体要均匀分布在棱镜面上,并保持水平状态合上盖板。

(3)注意保护折光仪的棱镜,不可测定强酸或强碱等具腐蚀性液体。

(4)测定之前,一定要用镜头纸蘸少许易挥发性溶剂将棱镜盖板、折光棱镜擦净,以免其他残留液的存在而影响测定结果。

(5)如果测定易挥发性液体,滴加样品时可由棱镜侧面的小孔加入。

(6)如果读数镜筒内视场不明,应检查小反光镜是否开启。

七、数据记录及处理

记录重蒸馏水和丙酮的折光率。

八、思考题

(1) 测定有机化合物折射率的意义是什么？

(2) 假定测得松节油的折射率为 $n_D^{30} = 1.471\,0$，在 25℃时其折射率的近似值应是多少？

九、讨论

实验 38　旋光度的测定

一、实验目的

(1) 掌握旋光度的测定方法。

(2) 了解旋光仪的构造。

(3) 学习通过旋光度测定计算比旋光度及确定浓度的方法。

二、基本原理

对映体是互为镜像的立体异构体。它们的熔点、沸点、相对密度、折光率以及光谱等物理性质都相同，并且在与非手性试剂作用时，它们的化学性质也一样，唯一能够反映分子结构差异的性质是它们的旋光性不同。当偏振光通过具有光学活性的物质时，其振动方向会发生旋转，所旋转的角度即为旋光度。

旋光性物质的旋光度和旋光方向可以用旋光仪来测定。旋光仪主要由一个钠光源、两个尼科尔棱镜和一个盛有测试样品的盛液管组成(见图 3 - 22)。普通光先经过一个固定不动的棱镜(起偏镜)变成偏振光，然后通过盛液管、再由一个可转动的棱镜(检偏镜)来检验偏振光的振动方向和旋转角度。若使偏振光振动平面向右旋转，则称右旋；若使偏振光振动平面向左旋转，则称左旋。

光活性物质的旋光度与其浓度、测试温度、光波波长等因素密切相关。但是，在一定条件下，每一种光活性物质的旋光度为一常数，用比旋光度 $[\alpha]$ 表示：$[\alpha]_\lambda^t = \dfrac{\alpha}{c \times l}$

其中，α 为旋光仪测试值；c 为样品溶液浓度，以 1 mL 溶液所含样品克数表示；l 为盛液管长度，单位为 dm；λ 为光源波长，通常采用钠光源，以 D 表示；t 为测试温度。

三、仪器和试剂

(1) 仪器：WXG - 4 圆盘旋光仪。

(2) 试剂：重蒸馏水，葡萄糖。

四、仪器构造

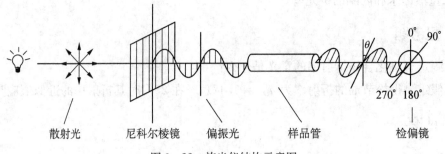

散射光　　　尼科尔棱镜　　偏振光　　　样品管　　　　检偏镜

图 3-22　旋光仪结构示意图

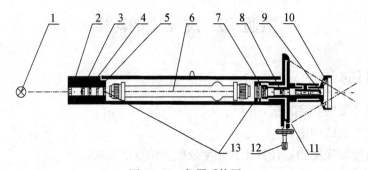

图 3-23　仪器系统图

1—光源(钠光)；2—聚光镜；3—滤色镜；4—起偏镜；5—半波片；
6—试管；7—检偏镜；8—物镜；9—目镜；10—放大镜；
11—度盘游标；12—度盘转动手轮；13—保护片

五、实验步骤

1. 预热

打开旋光仪开关，使钠灯加热 10 min，待光源稳定后方可测定。

2. 装待测液

盛液管有 1 dm、2 dm 和 2.2 dm 等几种规格。选用适当的盛液管，把预测溶液(葡萄糖溶液)及蒸馏水盛入试管中待测。

装待测液时，先用蒸馏水洗干净，再用少量待测液洗 2～3 次，然后注满待测液，不留空气泡，旋上已装好金属片和橡皮垫的金属螺帽，以不漏水为限度，但不要旋得太紧(一般以随手旋紧不漏水为止，以免护玻片产生应力而引起视场亮度发生变化，影响测定准确度)。用软布揩干液滴及盛液管两端残液，放好备用。

3. 校正

将盛液管放置在测试槽中，检验度盘零度位置是否正确，如不正确，可旋松盘盖四只连接螺钉、转动度盘壳进行校正(只能校正 0.5°以下)，或把误差值在测量过程中加减之，测定蒸馏水的方法如下：

(1) 打开镜盖，将装有蒸馏水的试管放入镜筒中测定，并应把镜盖盖上和试管有圆泡一端朝上,以便把气泡存入,避免影响观察测定。

(2) 调节视度螺旋至视场中三分视界(如图 3-23 所示)清晰,达到聚焦为止。旋动刻度盘手轮,使三分视场明暗程度一致,即图 3-24(c)显示情况,并使游标尺上的零度线置于刻度盘 0 度左右,重复 3~5 次,记录刻度盘读数,取平均值。如果仪器正常,此数即为零点。

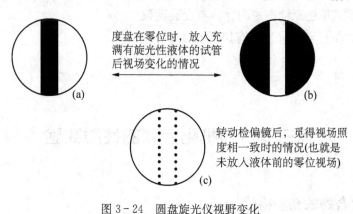

图 3-24　圆盘旋光仪视野变化

4. 测定工作

测量已知浓度的标准葡萄糖溶液及未知浓度的葡萄糖溶液的旋光度,操作方法跟测定蒸馏水的方法基本相同,不同的是测定两种葡萄糖溶液时,应每隔 2 min 测定一次旋光度,观察葡萄糖溶液的变旋现象,读取其稳定的读数。每种溶液重复操作 5 次并取平均值。

注释:

(1) 旋转检偏镜观察视场亮度相同的范围时应注意,当检偏镜旋转 180°时,有两个明暗亮度相同的范围,这两个范围的刻度不同。我们所观察的亮度相同的视场应该是稍转动检偏镜即改变很灵敏的那个范围,而不是亮度看起来一致但转动检偏镜很多而明暗度改变很小的范围。

(2) 注意读数的正确方法:

如右图读数为:

$$\alpha = 9.30°$$

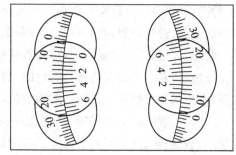

六、注意事项

(1) 如果样品的比旋光度值较小,在配制待测样品溶液时,宜将浓度配得高一些,并选用长一点的测试盛液管,以便观察。

(2) 温度变化对旋光度具有一定影响。若在钠光 ($\lambda = 589.3$ nm) 下测试,温度每升高 1℃,多数光活性物质的旋光度会降低 0.3% 左右。

(3) 测试时,盛液管所置放的位置应固定不变,以消除因距离变化所产生的测试误差。

七、数据记录及处理

记录测定蒸馏水、已知浓度葡萄糖和未知浓度葡萄糖的旋光度读数并取平均值,根据测量结果求出未知浓度葡萄糖的浓度。

八、思考题

（1）测定旋光性物质的旋光度有何意义？

（2）葡萄糖及其他还原糖溶液为什么有变旋现象？

（3）比旋光度$[\alpha]_D^t$与旋光度α有何不同？

九、讨论

第三节　有机化合物的性质实验

一、有机化合物的初步检验

未知物通常可分为两类：一类是文献中已有报道，其结构和性质是已知的，只是实验者暂时还不了解它们是什么化合物，而将它们称为"未知物"，实验者的鉴定工作主要是证明未知物与已知的同一性，另一类是文献未曾报道过的全新的化合物，需要实验者经过分析、鉴定来确定它们的碳骨架、官能团及其在分子中的具体位置，这类化合物是真正的未知物。

未知物的鉴定过程一般可分为下列几个步骤：

（一）初步观察

对于待鉴定的化合物样品，初步观察有助于粗略判断其类属。内容包括：观察未知物的外观、物态、形状、色泽、在空气中是否易氧化，辨别其是否具有特征气味等，再查阅有关文献、资料中的记载，进行对照，有时可初步判断未知物的种类。

物态，即气态、液态或固态，可粗略判断其沸点或熔点的相对高低及分子量的相对大小。

颜色，通常大多数有机物是无色的，酚和芳胺类随氧化程度不同而呈现出由浅紫到深棕色的颜色，硝基和亚硝基化合物一般为黄色，醌类和偶氮化合物为黄色到红色。

气味，一般情况下有气味的化合物分子量相对较低。低级醇具有酒香味；低级酯具有令人愉快的花果香味；低级酮和中级醛具有清爽香味，而低级醛、甲酸和乙酸具有鲜明的酸味，从丙酸以上则有宛如汗臭味的不愉快气味；低级胺往往具有鱼腥味；芳香族硝基化合物常具有苦杏仁味；硫醇、硫醚具有类似硫化氢的不愉快的气味，吡啶有其特殊的臭味。

（二）灼烧实验

通过灼烧实验可观察到未知物是否易燃及火焰的颜色，对于固体物质还可了解其熔点高低。若熔融温度较低，容易燃烧，可初步确定为有机物；火焰呈黄色并发烟说明是芳香族或高度不饱和脂肪族化合物，黄色不发烟则是脂肪族化合物的特征；化合物中含氧，其火焰为蓝色或接近无色；含硫的化合物则因燃烧产生二氧化硫而发出特殊的臭味。

（三）溶解度实验

通过溶解度实验，可将未知物进行初步分类，以便缩小实验范围。常用的溶剂为水、5％氢氧化钠溶液、5％碳酸氢钠溶液、5％盐酸溶液和浓硫酸等。

1. 用水作溶剂

用水作溶剂,观察未知物的溶解情况。易溶于水的物质,一般分子中含有极性基团。相对分子质量低的醇、醛、酮、羧酸及胺等物质,可用石蕊试纸进一步检验:若能使红色石蕊试纸变蓝,可能是胺类;若能使蓝色石蕊试纸变红,可能是羧酸;若石蕊试纸不变色,可能为醇、醛、酮等。

2. 用5%氢氧化钠溶液和5%碳酸氢钠溶液作溶剂

能溶于碳酸氢钠溶液和氢氧化钠溶液的化合物是强酸,如磺酸、羧酸、多硝基酚等;只能溶于氢氧化钠,而不溶于碳酸氢钠的化合物是弱酸,如苯酚等。

3. 用5%盐酸溶液作溶剂

能溶于稀酸的未知物可能是胺类化合物。

4. 用浓硫酸作溶剂

许多化合物都能溶于冷的浓硫酸中,如烯烃、醇、醚、醛、酮、酯等,所以还需进一步做其他试验来鉴定。不溶于以上溶剂的化合物常为烷烃、卤代烃和芳烃等。

(四) 物理常数测定

测定未知物的物理常数有助于判断化合物的纯度,以便决定是否需要进行分离操作。液体样品可测其沸点,若沸点恒定、沸程较短(1～2℃),一般可表明该液体是较纯的物质。由于某些液体有机物可形成二元或三元恒沸混合物,所以也可进一步测定其折射率和密度。固体样品可通过测定熔点来确定其纯度。因为纯的固体有机物具有固定的熔点,熔程也较短(1～2℃)。

一旦确定了未知物的纯度,其熔点和沸点等数据将使确定未知物结构的工作范围大大缩小,再进行一两个验证性的化学实验,即可确定"未知物"与已知物的同一性。

二、有机化合物的元素定性分析

元素定性分析的目的是鉴定某一有机化合物由哪些元素组成。一般有机化合物中都含有碳、氢元素。碳、氢的定性分析是将样品和氧化铜混合后加热,碳被氧化成二氧化碳,氢被氧化成水,再用适当方法检验二氧化碳和水的存在即可。

由于有机化合物分子中的原子一般都以共价键相结合的,很难在水溶液中离解为相应的离子,如还含有氮、硫、卤素等元素时,常需要采用钠熔法使这些元素转变成可溶于水的无机化合物。

再通过检验这些无机化合物来证明氟、硫、卤素等元素的存在。氧元素的鉴定到目前为止还没有较为合适的简便方法,一般是通过官能团鉴定来证明它的存在。元素定性分析具体方法如下:

(一) 碳、氢的鉴定

称取0.3 g干燥的蔗糖和1 g干燥的氧化铜粉末,充分混合后装入干燥的试管中,配上装有导管的塞子,用铁夹将其固定在铁架台上,管口端稍向下倾斜,将导管伸入另一支盛有3 mL澄清石灰水的试管中(如右图所示)。在样品下面加热,观察样品及石灰水变化情况。若石灰水变浑浊,则说明有二氧化碳生成,证明样品中有碳元素;若试管口附近的管壁上有水

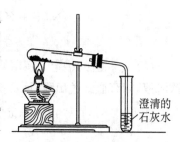

澄清的石灰水

珠出现,则证明样品中有氢元素。反应式如下:

$$C_{12}H_{22}O_{11} + 24CuO \xrightarrow{\triangle} 12CO_2 + 11H_2O + 24Cu$$

$$Ca(OH)_2 + CO_2 \longrightarrow CaCO_3 \downarrow + H_2O$$

(二)氮、硫和卤素的鉴定

1. 钠熔

用铁夹将一支干燥的小试管竖直固定在铁架台上,切取一粒黄豆粒大小的金属钠(去掉氧化层)。投入试管中,用小火在试管底部加热使金属钠熔融。待钠蒸气充满试管下半部时,移开火源,迅速加入 20 mg 固体样品或 3~4 滴液体样品及少许蔗糖(注意应将样品直接加到试管底部,而不要挂在管壁上)。此时,可见试管内发生剧烈反应。待反应缓和后,重新加热,使试管底部呈暗红色,冷却,向试管中加入 1 mL 无水乙醇分解过剩的金属钠。再继续用强火将试管底部烧至红热,取下铁夹,趁热立即将试管底部浸入预先盛有 20 mL 蒸馏水的小烧杯中。试管底遇冷水即炸裂,使钠熔物溶于水中。将此溶液煮沸,过滤,滤渣用水洗涤两次,得无色或淡黄色澄清的滤液。

2. 氮的鉴定

在试管中加入 2 mL 滤液、1 mL 新配制的 5% 硫酸亚铁溶液及 4~5 滴 10% 氢氧化钠溶液,煮沸。此时如样品中含有硫,则会有黑色硫化亚铁沉淀析出。冷却后加入稀盐酸,使生成的硫化亚铁沉淀刚好溶解。然后加入 1~2 滴 2% 三氯化铁溶液,如有普鲁士蓝沉淀析出,则表明样品中含有氮元素,反应式如下:

$$2NaCN + FeSO_4 \longrightarrow Fe(CN)_2 + Na_2SO_4$$

$$Fe(CN)_2 + 4NaCN \longrightarrow Na_4[Fe(CN)_6]$$

$$3Na_4[Fe(CN)_6] + 4FeCl_3 \longrightarrow Fe_4[Fe(CN)_6]_3 \downarrow + 12NaCl$$
$$\text{(普鲁士蓝沉淀)}$$

3. 硫的鉴定

(1) 亚硝基铁氰化钠实验。在试管中加入 1 mL 滤液、2~3 滴新配制的 0.5% 亚硝基铁氰化钠,如呈紫色则表示含有硫元素,反应式如下:

$$Na_2S + Na_2[Fe(CN)_5NO] \longrightarrow Na_4[Fe(CN)_5NOS]$$
$$\text{(紫红色)}$$

(2) 硫化铅实验。在试管中加入 1 mL 滤液及少量乙酸,使溶液呈酸性。再滴加 2~3 滴乙酸铅溶液,如生成黑色或棕色沉淀,表明样品中含有硫元素,反应式如下:

$$Na_2S + (CH_3COO)_2Pb \longrightarrow 2CH_3COONa + PbS \downarrow$$
$$\text{(黑色)}$$

(3) 氮和硫的鉴定。在试管中加入 1 mL 滤液,用稀盐酸酸化后,再加入 1 滴 5% 三氯化铁溶液,如有血红色出现,证明试样中含有 CNS^-,即含有氮和硫元素,反应式如下:

$$3NaCNS + FeCl_3 \longrightarrow Fe(CNS)_3 + 3NaCl$$
$$\text{(血红色)}$$

4. 卤素的鉴定

在试管中加入 1 mL 滤液，用稀硝酸酸化并在通风橱中煮沸 3 min，除去可能存在的硫化氢和氰化氢(若样品中不含氮和硫，则不必煮沸)。冷却后加入几滴 5％硝酸银溶液，出现白色或黄色沉淀时，证明样品中含有卤素，反应式如下：

$$NaX + AgNO_3 \longrightarrow AgX\downarrow + NaNO_3$$

三、有机化合物的官能团的定性分析

通过前面一系列实验后，可初步了解未知物属于哪一类化合物，再进行有关官能团的鉴定，便可基本确定其结构。官能团的鉴定是利用官能团的特征反应，即有明显产生的专属性反应来确定未知物中含有哪类官能团。

实验 39　烃的性质与鉴定

一、实验目的

(1) 掌握烯烃和芳香烃的鉴定方法。
(2) 熟悉不饱和烃与芳香烃在性质上的异同。

二、基本原理

烷烃在一般条件下性质相当稳定，不与其他物质如酸、碱、氧化剂等发生反应。但在适当条件下，也能与某些试剂发生反应。烯烃、炔烃能与卤素发生加成反应，并能与氧化剂作用，使高锰酸钾或重铬酸钾被还原；炔烃易被金属取代生成炔烃的金属化合物。芳香烃分子中具有苯环这种特殊的共轭体系，具有芳香性，一般较难发生氧化和加成反应，而较易发生取代反应。

三、试剂

环己烷、环己烯、苯、甲苯、2,4-二硝基氯苯、5％溴-四氯化碳溶液、萘、氯仿、2％高锰酸钾溶液、无水氯化铝、10％硫酸溶液、10％氢氧化钠、浓氨水、浓硫酸、浓硝酸、1∶1 硝酸、2％硝酸银、固体氯化亚铜。

四、实验步骤

1. 溴的四氯化碳溶液实验

取两支干燥试管，分别在两个试管中放入 1 mL 四氯化碳。在其中一试管中加入 2～3 滴环己烷样品，在另一试管中加入 2～3 滴环己烯样品，然后在两支试管中分别滴加 5％溴-四氯化碳溶液，并不断地振荡，观察褪色情况，并作记录。

再取一支干燥试管，加 1 mL 四氯化碳并滴入 3～5 滴 5％溴-四氯化碳溶液，通入乙炔气体，注意观察现象。

2. 高锰酸钾溶液实验

取 2~3 滴环己烷与环己烯分别放在两支试管中,各加入 1 mL 水,再分别逐滴加入 2% 高锰酸钾溶液,并不断振荡。当加入 1 mL 以上高锰酸钾溶液时,观察褪色情况,并作记录。

另取一试管,加入 1 mL 2% 高锰酸钾溶液,通入乙炔气体,注意观察现象。

3. 鉴定炔类化合物实验

(1) 与硝酸银氨溶液的反应。取一支干燥试管,加入 2 mL 2% 硝酸银溶液,加 1 滴 10% 氢氧化钠溶液,再逐滴加入 1 mol/L 氨水直至沉淀刚好完全溶解。将乙炔通入此溶液,观察反应现象,所得产物应用 1:1 硝酸处理。

(2) 与铜氨溶液的反应。取绿豆大小固体氯化亚铜,溶于 1 mL 水中,再逐滴加入浓氨水至沉淀完全溶解,通入乙炔,观察反应现象。

4. 芳香烃的性质

(1) 硝化反应。取干燥试管 1 支,加入浓硫酸 10 滴、浓硝酸 5 滴,混合后,再加入 10 滴苯,振摇 10 min 后,将溶液倒入盛有 20 mL 水的烧杯中,有何现象? 产物是什么? 写出化学反应式。

(2) 卤代反应。取干燥试管两支,其中一支加入 10 滴苯,另一支加入 10 滴甲苯,然后各加入 5% 溴-四氯化碳溶液 3 滴和少许铁屑,振荡,并将试管放在水浴中加热数分钟(温度应低于 80℃),观察、比较颜色变化的快慢,并说明原因和写出化学反应式。

(3) 芳烃的烷基化反应。取干燥试管 5 支,各加入 1 mL 氯仿,再分别加入 5 滴环己烷、苯、甲苯、2,4-二硝基氯苯和少量萘,混合均匀,并且润湿管壁,沿管壁小心加入无水氯化铝,观察氯化铝周围发生的变化。

(4) 氧化反应。取干燥试管两支,先分别加入 0.5% 高锰酸钾 2 滴及 10% 硫酸 12 滴,摇匀后再在一支试管中加入苯 10 滴,另一支管中加入甲苯 10 滴,并振摇 10 min 后观察发生的现象。

五、注意事项

(1) 烃和烯烃都易溶于四氯化碳,形成均相体系,反应易于进行。

(2) 炔银和炔铜等炔烃金属衍生物在干燥时,极易分解爆炸,故必须在实验完成后先加浓硝酸破坏沉淀,再洗试管,或者加入稀硝酸和稀盐酸加热分解。

六、思考题

(1) 进行不饱和烃和卤素加成反应,为什么一般不用溴水,而用溴-四氯化碳溶液?

(2) 乙炔银和乙炔亚铜的试管实验结束后应如何妥善处理?

实验 40　卤代烃的性质与鉴定

一、实验目的

(1) 熟悉不同烃基结构对反应速度,以及不同卤原子对反应速度的影响。

(2) 了解伯、仲、叔卤代烃性质上的差异,说明各种卤代烃结构中卤素活性不同的原因。

(3) 掌握卤代烃的鉴定方法。

二、基本原理

卤代烃是烃分子中的氢被卤素取代所生成的一类化合物。卤原子是卤代烃的官能团,大多数卤代烃分子中的卤素并不是呈离子状态的,而且与硝酸银的水溶液不易发生沉淀作用,但分子中的卤原子易被其他原子或原子团取代生成各种类别的化合物,此时,加入硝酸银水溶液,即有卤化银沉淀析出,不同烃基结构的卤代烃,有不同的化学活泼性,故发生取代反应的难易程度不同。

三、试剂

乙醇、1-氯丁烷、2-氯丁烷、2-甲基-2-氯丙烷、苄氯、氯苯、溴乙烷、1-溴丁烷、1-碘丁烷、2 mol/L 硝酸、5%硝酸银溶液、15%氢氧化钠溶液、15%氢氧化钠-酒精溶液、15%碘化钠、丙酮溶液、1%硝酸银-乙醇溶液。

四、实验步骤

1. 水解与消除反应

取试管两支,分别加入溴乙烷 0.5 mL。然后在一支中加入 1 mL 15%氢氧化钠水溶液,在另一支中加入 1 mL 15%氢氧化钠-酒精溶液,振荡并小心加热煮沸。放冷后,将水层倾倒入另两支试管中,分别加 2 mol/L 硝酸使溶液呈酸性,再分别加入 1%硝酸银溶液数滴,观察现象。写出有关反应式。

2. 硝酸银实验

(1) 卤素原子相同而烃基不同的卤代烃反应活性比较。取 5 支洗净并用蒸馏水冲洗过的干燥试管,将试管编号,用滴管分别加入 1-氯丁烷、2-氯丁烷、2-甲基-2-氯丙烷、苄氯、氯苯样品 4～5 滴,然后在每支试管中分别加入 2 mL 1%硝酸银-乙醇溶液,仔细观察生成卤化银沉淀的时间并作记录。10 min 后,将未产生沉淀的试管在 70℃水溶液上加热 5 min 左右,观察有无沉淀生成,根据实验结果排列以上卤代烷的反应活泼性次序,并说明原因,写出反应方程式。

(2) 烃基相同而卤素原子不同的卤代烃反应活性比较。取 3 支洗净并用蒸馏水冲洗过的干燥试管,将试管编号,用滴管分别加入 1-氯丁烷、1-溴丁烷、1-碘丁烷样品 4～5 滴,重复上面实验,比较反应活泼性,解释原因,写出反应方程式。

3. 碘化钠(钾)实验

在洁净干燥的 6 支编号试管中分别加入 1 mL 15%碘化钠-丙酮溶液,分别加入 1-氯丁烷、2-氯丁烷、2-甲基-2-氯丙烷、1-溴丁烷、氯苯、苄氯试样各 2～4 滴振荡,记录每一支试管生成沉淀所需要的时间。若 5 min 内仍无沉淀生成,可将试管置于 50℃水浴中温热,在 6 min 后,将试管冷至室温,观察反应情况,记录结果。

五、注意事项

(1) 通过硝酸银与溴离子生成沉淀,判断卤代烃是否发生水解,因此,实验室中配制的各种水溶液不能含有氯离子。

(2) 溴乙烷易于挥发,加热从液面逐渐下移到底部,摇动,加热的过程最好在通风橱内进行。

(3) 卤代烃和硝酸银都能溶于乙醇,形成均相体系,可以提高反应速度。

六、思考题

(1) 为什么检查卤代烃要用硝酸银的醇溶液而不是水溶液?

(2) 为什么碘化钠-丙酮溶液可以和一些含氯或溴的卤代烃反应生成沉淀,而不能以氯化钠和溴化钠代替碘化钠与一些卤代烃作用,发生类似的反应?

(3) 以下三种物质是否都能发生消去反应? 卤代烃的结构满足什么条件才有可能发生消去反应?

$$CH_3Cl \qquad CH_3\underset{\underset{CH_3}{|}}{CH}CHBrCH_3 \qquad H_3C-\underset{\underset{CH_3}{|}}{\overset{\overset{CH_3}{|}}{C}}-CH_3$$

(4) 与硝酸银-乙醇溶液作用,出现白色沉淀最快的是(　　　)。

　　A. 氧苯　　　　　　B. 氯化苄　　　　　　C. 2-氧丙烷　　　　　D. 氯乙烯

实验 41　醇和酚的性质与鉴定

一、实验目的

(1) 掌握醇和酚的鉴别方法。
(2) 熟悉醇、酚的某些化学性质及其区别。

二、基本原理

醇和酚具有同一种官能团——羟基。但不同的是醇的羟基和脂肪烃基相连,而酚的羟基直接连在芳香环上。不同的烃基结构对官能团的影响也不相同,因此,醇和酚的性质有明显的区别。

三、试剂

无水乙醇,正丁醇,仲丁醇,叔丁醇,2%苯酚,酚酞,1%间苯二酚,0.2%邻苯二酚,0.5% 1,2,3-苯三酚,95%乙醇,异丙醇,叔丁醇,甘油,金属钠,5%重铬酸钾,3 mol/L H_2SO_4,1% $FeCl_3$,5% NaOH,饱和溴水,2%$CuSO_4$,卢卡斯试剂。

四、实验步骤

1. 醇的化学性质

(1) 醇钠的生成和水解:将两个干燥的试管编好号码,分别加入 1 mL 无水乙醇和 1 mL

正丁醇,再加一粒黄豆大小并用滤纸擦干的金属钠,观察反应速度有何差异。等到平稳地放出气体时,使试管口靠近灯焰,观察有何现象。待金属钠全部作用后,将第1号试管内溶液的一半倾入表面皿上,使多余的乙醇完全挥发(必要时将表面皿放在水浴上加热),残留在表面皿上的固体就是乙醇钠,滴2~3滴水于乙醇钠上使其溶解,然后滴1滴酚酞指示剂观察现象,写出反应方程式。

(2) 醇的氧化:取 3 支试管,编号后各加入 2 滴 0.5% 重铬酸钾溶液和 1 滴 3 mol/L H_2SO_4,然后分别加入 10 滴 95% 乙醇、异丙醇和叔丁醇,将各试管摇匀,3 min 后观察。

(3) 伯醇、仲醇、叔醇的鉴别:取 3 支干燥的试管,编号后分别加入 5 滴正丁醇、仲丁醇和叔丁醇,然后各加入 15 滴卢卡斯试剂,塞好管口,振荡后静置,观察反应液是否变浑浊,若 5 min 后仍无变化,放入不超过 40℃ 的恒温水箱中温热数分钟,记录反应液开始变浑浊所需的时间。

(4) 与氢氧化铜的反应:于一试管中加入 8 滴 2% $CuSO_4$ 溶液,然后慢慢滴加 0.1 mol·L^{-1} NaOH 使 $Cu(OH)_2$ 完全沉淀下来,将此悬浊液的一半倒入另一试管,两试管在振摇下分别加入 2 滴甘油和乙醇。

2. 酚的性质

(1) 酚的溶解性和酸性:分别取约 0.2 g 苯酚、邻苯二酚、1,2,3-苯三酚放在 3 支试管中,加入 3 mL 水,振摇一会儿,观察它们的溶解性,解释原因。用玻璃棒分别蘸每种溶液 1 滴,分别以弱酸性的精密试纸检验酸度。向水溶性差的混合液中加入几滴 5% NaOH 溶液,振荡至澄清;然后再逐滴加入 3 mol/L H_2SO_4 至酸性,观察有何变化,解释原因。

(2) 与 $FeCl_3$ 作用:取试管 4 支,分别加入 2% 苯酚溶液、0.2% 邻苯二酚溶液、1% 间苯二酚溶液、0.5% 1,2,3-苯三酚溶液各 1 滴,再分别加入 1% 三氯化铁溶液 1~2 滴,振摇片刻,观察并记录颜色变化。

(3) 溴代反应:取 2% 苯酚溶液 5 滴,置于一小试管中,缓缓滴入饱和溴水 10 滴,不断振荡。

(4) 酚的氧化:分别取 2% 苯酚溶液、0.5% 邻苯二酚溶液、1% 间苯二酚溶液各 1 mL 于 3 支试管中,各滴入 2 滴 3 mol/L H_2SO_4,振摇试管,然后再滴入 5 滴 5% 重铬酸钾溶液。静置几分钟,观察重铬酸钾溶液是否褪色。写出反应方程式。

五、注意事项

(1) 卢卡斯试剂使用时试管必须干燥;卢卡斯试剂与低级醇反应生成难溶于水的氯代烃,使反应溶液浑浊,继而分层,现象明显。随着碳链的增长,醇类溶解性下降,C6 以上的醇不溶于卢卡斯试剂,两者混合即浑浊,观察不到反应是否发生,所以,卢卡斯试剂只能鉴别 C6 以下的醇类。

(2) 反应产物卤代烃的沸点一般都比较低,易于挥发,加热温度不可太高。

(3) 某些酚类化合物与三氯化铁的生成物的颜色极不稳定,瞬间消失,故必须注意滴入后立即观察。三氯化铁切勿加多,否则热溶液中所产生的颜色易被三氯化铁的深黄色掩蔽,观察不到正确的结果。

六、思考题

(1) 甲醇、对甲基苄醇、二甲基苯基甲醇可否用卢卡斯试剂鉴别?

(2) 苯酚为什么能使三氯化铁溶液显色？是否所有的酚都能使三氧化铁显色？

(3) 鉴别苯酚与苯甲醇最方便的试剂是( )。

　　A. Na　　　　　　　B. NaOH　　　　　　C. Na₂CO₃　　　　　　D. FeCl₃

实验 42　醛和酮的性质与鉴定

一、实验目的

(1) 了解醛和酮的主要化学性质,熟悉它们在性质上的异同。

(2) 掌握醛和酮的鉴定方法。

二、基本原理

脂肪族醛和酮在结构上全都含有羰基,因此它们有一些相同的反应。

(1) 与氨的衍生物发生反应,如与 2,4 -二硝基苯肼反应,可以生成苯腙。

(2) 醛和甲基酮能与亚硫酸氢钠加成,生成 α -羟基磺酸钠,加成物与酸和碱共热时,仍分解出醛和酮。

(3) 具有 $CH_3—CO—R(H)$ 结构的醛、酮(乙醛和甲基酮)或 $CH_3—CH(OH)—R(H)$ 结构的醇都能发生在碱性溶液中与碘作用生成碘仿的反应,碘仿为黄色固体,特臭,易识别,称此反应为碘仿反应。

醛和酮的差异,反映在某些化学反应上也不同。

(1) 醛能被弱氧化剂氧化。如与氢氧化银的氨溶液(托伦试剂)作用,生成银镜,与碱性酒石酸铜试剂(斐林试剂)作用,生成氧化亚铜沉淀。酮类则很难被氧化而无此反应。

(2) 芳香族醛和酮分子中含羰基,可发生类似脂肪族醛和酮的一些羰基的特征反应。但由于苯基的影响降低了羰基的反应性,所以表现在性质上与脂肪族醛和酮有一定的差别。因此,斐林试剂只能与脂肪醛反应而不与芳香醛反应,利用此性质,可区别脂肪醛和芳香醛。

三、试剂

乙醛,苯甲醛,丙酮,苯乙酮,苯甲醇,环己酮,95％乙醇,2,4 -二硝基苯肼,5％硝酸银溶液,5％氢氧化钠溶液,10％氨水,10％盐酸,10％碳酸钠溶液。

四、实验步骤

1. 与 2,4 -二硝基苯肼的反应

取试管 2 支,均加入 2,4 -二硝基苯肼试液 5 滴。然后 1 支加入 2 滴乙醛,另 1 支加入 2 滴丙酮。充分振摇后观察有无黄色沉淀产生。写出反应方程式和产物的名称。

2. 与饱和亚硫酸氢钠反应

取试管 3 支并编号,在 3 支试管中均加入新配制的饱和亚硫酸氢钠溶液 10 滴,然后在试管①中加入 15 滴乙醛,试管②中加入 15 滴丙酮,试管③中加入 15 滴环己酮溶液。摇匀,置于冰水中,观察有无白色沉淀析出,写出反应方程式。

3. 与斐林试剂的反应

取试管 3 支,并编号,在 3 支试管中均加入斐林试剂 A 和斐林试剂 B 各 10 滴,混匀后再分别加入乙醛、丙酮、苯甲醛试液 4 滴,摇匀后置沸水浴中加热,观察溶液颜色变化,有无砖红色沉淀(Cu_2O)生成,并解释之。

4. 与托伦试剂的反应

取洁净的试管 3 支,并编号,在 3 支试管中均加入 5% 硝酸银溶液和 5% 氢氧化钠各 1 滴,都在振摇下逐滴加入 10% 氨水至生成的沉淀恰好溶解为止。然后再分别加入乙醛、丙酮、苯甲醛试液 4 滴,摇匀,静置片刻,观察变化。如无变化,可在温水浴中温热 2 min,观察有无银镜生成,并解释之。

托伦试剂久置后,会析出黑色的氮化银(Ag_3N)沉淀,容易发生爆炸,故必须临时配制。切忌用灯焰直接加热,以免发生危险。实验完毕,应加入少许稀硝酸,使银镜溶解并洗去,不要久置,以免产生具有爆炸性的雷酸银(AgONC)。

5. 碘仿反应

取试管 5 支,并编号,分别加入乙醛、丙酮、3-戊酮、乙醇、正丁醇试液。然后在 5 支试管中各加入碘溶液 5 滴,摇匀后都逐滴加入 5% 氢氧化钠溶液至碘的棕色消失为止。观察哪些有黄色沉淀(CHI_3)析出,并写出反应方程式。

五、注意事项

(1) 醛、脂肪族甲基酮、7 个碳以下的环酮能与饱和的亚硫酸氢钠水溶液起加成反应,生成不溶于饱和的亚硫酸氢钠的 α-羟基磺酸钠,产物以白色晶体析出。这个反应是可逆的,产物遇稀酸或稀碱能分解得到原来的醛和酮,因此,这个反应可以用于分离、提纯醛或酮,也可以用于定性鉴别。

(2) 与斐林试剂反应,脂肪族醛及 α-羟基酮(如还原糖)易被氧化,故为正反应,而芳香醛及酮类不易被氧化,则为负反应。

(3) 银镜反应完毕后,先加硝酸洗去银镜,此反应的试管管壁必须十分干净。另外,过量的氨水会降低托伦试剂的灵敏度。因此氨水溶液不可加多。此反应试剂需临时配制,不能储藏,因为久置后会生成有爆炸性的氮化银。此外,反应时若用直火加热煮沸,会生成具有爆炸性的雷酸银,故需用水浴温热。凡易氧化的糖类、多元酚类、氨基酚类、羟胺类及其他还原性物质均有此反应。

(4) 碘仿反应碱量不要过多,加热时间不宜过长,温度不能过高,否则会使生成的碘仿再消失,造成判断错误。

六、思考题

(1) 为了使碘仿尽快生成,有时碘仿反应需加热进行,试问能否用沸水浴加热? 为什么? 什么结构的醛或酮能发生碘仿反应?

(2) 如何区别环己基甲醛、苯甲醛和苯乙酮?

(3) 不能鉴别苯甲醛和苯乙酮的试剂是(　　　)。

A．托伦试剂   B．斐林试剂   C．I_2/NaOH   D．希夫试剂

(4) 不能与 $NaHSO_3$ 饱和溶液产生结晶性沉淀的是（　　）。

A．乙醛   B．苯甲醛   C．苯乙酮   D．2-戊酮

(5) 不能发生碘仿反应的是（　　）。

A．乙醛   B．丙酮   C．苯乙酮   D．3-戊酮

实验 43　羧酸及其衍生物的性质与鉴定

一、实验目的

(1) 掌握羧酸及其衍生物的主要化学性质。

(2) 了解油脂的性质和肥皂制备的方法。

二、基本原理

羧酸是一类具有一定酸性的化合物,官能团是羧基(—COOH),在这个羧基官能团中的羟基与羰基存在着 p-π 共轭效应,羧酸的化学性质与此结构密切相关。羧酸衍生物分子中都含有酰基,能发生一些相近的化学反应,但因酰基所连的基团不同,其反应活性存在差异。

三、试剂

甲酸,冰醋酸,草酸,苯甲酸,乙酰氯,乙酸酐,无水乙醇,乙酸乙酯,95%乙醇,乙酰胺,色拉油,熟猪油,四氯化碳,3%溴-四氯化碳溶液,pH 试纸,10%和40%氢氧化钠溶液,6 mol/L 氢氧化钠溶液,2%硝酸银溶液,6 mol/L 盐酸溶液,1% $CuSO_4$ 溶液,3 mol/L 硫酸溶液,6 mol/L 氨水溶液,浓硫酸,饱和碳酸钠溶液,饱和食盐水,石灰水。

四、实验步骤

1. 羧酸的酸性

取两滴液体或少量(约 30 mg)固体羧酸(如苯甲酸),加入 5~10 滴水,振荡溶解后,用 pH 试纸测此水溶液的酸性,如不溶,则逐滴加入 10%氢氧化钠溶液,观察其溶解情况,然后再加 6 mol/L 盐酸至酸性,观察有何变化。

2. 羧酸衍生物的水解

(1) 酰氯的水解:在盛有 1 mL 蒸馏水的试管中,加 3 滴乙酰氯,略微摇动,此时乙酰氯与水剧烈作用,并放热。在冷水浴中使试管冷却,加入 1~2 滴 2%硝酸银溶液,观察有何变化。

(2) 酯的水解:在 3 支试管中分别加入 1 mL 乙酸乙酯和 1 mL 水,然后再向第一支试管中加 1 mL 3 mol/L 硫酸,向第二支试管中加 1 mL 6 mol/L 氢氧化钠溶液。把 3 支试管同时放入 70~80℃的水浴中,一边摇动,一边观察,比较 3 支试管中酯层消失的速度。

(3) 酸酐的水解:在盛有 1 mL 蒸馏水的试管中,加 3 滴乙酸酐。乙酸酐不溶于水,呈油珠状沉于管底,为了加速反应,把试管略微加热,这时乙酸酐油珠消失,同时嗅到醋酸的气味。

（4）酰胺的水解：酰胺的碱性水解是在试管中加入 0.5 g 乙酰胺和 3 mL 6 mol/L 氢氧化钠溶液，煮沸，辨别有无氨的气味；酰胺的酸性水解是在试管中加入 0.5 g 乙酰胺和 3 mL 3 mol/L 硫酸煮沸，辨别有无醋酸的气味。写出以上实验的反应方程式，并比较实验现象。

3. 羧酸及其衍生物与醇的反应

（1）酰氯的醇解：在试管中加入 1 mL 乙醇。边摇动边慢慢滴入 1 mL 乙酰氯（反应十分剧烈，小心液体从试管中冲出）。将试管冷却，慢慢地加入 2 mL 饱和碳酸钠溶液，同时轻微地振荡。静止后，有乙酸乙酯浮到液面上并可嗅到酯的香味。

（2）酸酐的醇解：在试管中加入 2 mL 乙醇和 1 mL 乙酸酐，混合后加 1 滴浓硫酸，振荡。这时反应混合物逐渐发热，以至于沸腾。冷却后，慢慢地加入 2 mL 饱和碳酸钠溶液，同时轻微地振荡，生成的乙酸乙酯即浮到液面上。

（3）羧酸与醇的反应（酯化反应）：在两支干燥的试管中，各加入 2 mL 乙醇和 2 mL 冰醋酸，混合均匀后，在一支试管中加入 5 滴浓硫酸。把两支试管同时放入 70～80℃ 的水浴中，边加热边摇荡，10 min 后，取出试管，用冷水冷却，再各滴入 2 mL 饱和碳酸钠溶液。静置，观察有无乙酸乙酯浮到液面上。

4. 油脂的性质

（1）油脂的不饱和性：取 0.2 g 熟猪油和 5 滴色拉油（菜油）分别放入两支干净的小试管中，并分别加入 1 mL 四氯化碳振荡使之溶解，然后分别滴加 3％溴-四氯化碳溶液，边滴加边振荡，滴至各试管中溴的颜色不再褪去时为止（注意各试管油溶液橙黄色深浅应一致），记下各种油溶液所需溴溶液的滴数，比较各种油的不饱和程度，并解释之。

（2）油脂的皂化：取 3 g 油脂、3 mL 95％乙醇和 3 mL 40％的氢氧化钠溶液放入一个干净的大试管内，摇匀后在沸水中加热煮沸，此时油脂在碱性条件下发生水解，称为油脂的皂化反应。待试管中的反应物成一相后，继续加热 10 min 左右，并不断加以振荡。皂化完全后，将制得的黏稠液体倒入盛有 15～20 mL 温热的饱和食盐水的小烧杯中，边倒边搅拌，就会有一层肥皂浮到溶液表面（盐析作用），将析出的肥皂用布过滤拧干，然后取 0.5 g 盐析过肥皂的饱和食盐水 2 mL，加入 40％ NaOH 溶液数滴，然后滴加 1％CuSO₄ 溶液，观察现象并证明有何物质存在。

（3）羧酸加热分解作用：将甲酸和冰醋酸各 1 mL 及草酸 1 g 分别加入 3 支带导管的小试管中，导管的末端分别伸入 3 支各自盛有 2 mL 的石灰水的小试管中（导管要插入石灰水中）。加热试样，观察小试管里石灰水溶液有何现象，并解释之。

五、注意事项

（1）油脂的皂化时可以选用硬化油和适量的猪油混合后的油脂。若单纯使用硬化油则制得的肥皂太硬；若只用植物油，则制得的肥皂太软。皂化时加入乙醇的目的是使油脂和碱液能混为一相，加速皂化反应的进行。

（2）皂化时反应速度缓慢，加入乙醇使反应在均相中进行，能大大提高反应速率。

（3）皂化是否完全的测定：取几滴皂化液放入一试管中，加 2 mL 蒸馏水，加热并不断振荡。若此时无油滴析出，则表示皂化已经完全；若皂化不完全，则需要再反应几分钟，再次检验皂化是否完全。

六、思考题

(1) 甲酸为什么有还原性？乙酸为什么对氧化剂稳定？

(2) 羧酸成酯反应为什么必须控制在 70～80℃？温度偏高或偏低会对反应有什么影响？

(3) 写出甲酸、冰醋酸、草酸加热分解的反应方程式。

实验 44　胺的性质与鉴定

一、实验目的

(1) 掌握芳香胺、脂肪胺性质的差异。

(2) 掌握一级胺、二级胺、三级胺的分离、鉴别方法。

二、基本原理

脂肪胺或芳香胺的分子中都含有氨基，因此，它们的化学性质有很多是相似的。但由于氨基所连接的烃基的不同，其性质又有差异。因氮原子上的未共用电子对与碳氧双键形成 $p-\pi$ 共轭，酰胺的碱性很弱，接近于中性。

三、试剂

苯胺，N-甲基苯胺，N,N-二甲基苯胺，苯磺酰氯，无水乙醇，碘化钾-淀粉试纸，浓盐酸，10%氢氧化钠，10%亚硝酸，2 mol/L 盐酸，二氧化锰，2 mol/L 硫酸，3%溴水，冰，pH 试纸，饱和溴水，β-萘酚溶液。

四、实验步骤

1. 苯胺的性质鉴定

在试管中放入两滴苯胺和 1 mL 水，摇荡观察苯胺是否溶解？再加入 4 滴 2 mol/L 盐酸，观察结果。

2. 苯磺酰氯实验(兴斯堡实验)

取 3 支试管配备好塞子，在试管中分别加入苯胺、N-甲基苯胺、N,N-二甲基苯胺各 3 滴，再分别加入 5 mL 10%氢氧化钠溶液和约 5 滴苯磺酰氯，塞好塞子，用力摇动。手触试管底部，检查哪支试管发热。用 pH 试纸检查 3 个试管内的溶液是否呈碱性，如果不呈碱性可再加几滴氢氧化钠溶液。反应结束后，观察下述三种情况，并判断哪支试管内是一级胺、二级胺、三级胺？

如果有固体生成，将固体分出，固体能溶于过量的 10%氢氧化钠溶液中，但加入盐酸酸化后又析出沉淀，表明为一级胺。如最初不析出沉淀物，小心加 2 mol/L 盐酸至溶液呈酸性，此时若生成沉淀，也表明为一级胺。溶液中析出油状物或沉淀但不溶于盐酸，表明为二级胺。实验时无反应发生，溶液中仍为油状物，加盐酸酸化后即溶解，表明为三级胺。

3. 重氮苯的形成及反应

在试管中将 10 滴苯胺和 5 mL 2 mol/L 盐酸混合,置冰水浴中冷却到 0～5℃。然后边振荡边滴加 10% 亚硝酸钠溶液,至溶液对碘化钾-淀粉试纸显蓝色。所得盐酸-重氮苯溶液呈浅黄色透明状,保存在冰水浴中,供以下实验使用。

(1) 苯酚的生成:取 2 mL 重氮盐溶液置于小试管中,在 50～60℃ 水浴中加热,注意有气体 N_2 放出。冷却后,反应液中有苯酚的气味。在此反应液中加 1 mL 饱和溴水,振荡并观察实验结果。

(2) 与 β-萘酚的偶联:取 1 mL 盐酸重氮盐溶液加入一支大试管中,放在冰水浴中冷却,加入数滴 β-萘酚溶液(0.4 g β-萘酚溶于 4 mL 5% 氢氧化钠溶液中配置而成),注意观察有无橙红色沉淀生成。

(3) 苯胺的氧化:在一支小试管中加入两滴苯胺和 2 mL 水,加入少许二氧化锰和 1 mL 2 mol/L 硫酸溶液,用力振荡,观察溶液的变化,写出反应方程式。

(4) 苯胺的溴代:在一支小试管中加入两滴苯胺和 2 mL 水,然后滴加 3% 溴水,振荡,观察现象,写出反应方程式。

五、注意事项

(1) 稍过量的亚硝酸钠氧化碘化钾,析出单质碘使淀粉变蓝。

(2) 苯胺的氧化实验中,氧化剂将苯胺氧化成对苯醌,它是微溶于水的黄色晶体。苯胺易被氧化,其产物视氧化剂的强和反应条件而异,包括偶氮苯、亚硝基苯、硝基苯、苯胺黑等。

六、思考题

(1) 脂肪一、二、三级胺与亚硝酸反应和芳香一、二、三级胺与亚硝酸反应有什么异同点?

(2) 写出重氮苯生成的反应方程式。

实验 45　糖的性质与鉴定

一、实验目的

(1) 熟悉糖类的主要化学性质。

(2) 掌握常见糖类的鉴别方法。

(3) 了解硝酸纤维素酯的制备方法。

二、基本原理

糖类,是指多羟基醛,多羟基酮以及能水解生成多羟基醛和多羟基酮的一类化合物。糖类可分为单糖、低聚糖和多糖。

三、试剂

5% 葡萄糖,5% 果糖,5% 蔗糖,5% 麦芽糖,淀粉,10% α-萘酚的乙醇溶液,脱脂棉,斐林试剂,托伦试剂,浓盐酸,浓硫酸,浓硝酸,0.1%碘液,10%氢氧化钠溶液,10%苯肼盐酸盐溶液,15%醋酸钠溶液,间苯二酚溶液。

四、实验步骤

1. 还原性

(1) 斐林实验:各取 4 mL 斐林试剂溶液 A 和斐林试剂溶液 B 于试管中,混合均匀,分成五等份分装于 5 支试管中,分别再加入 5%葡萄糖、蔗糖、果糖、麦芽糖和淀粉各 5 滴,振荡,在沸水浴上加热 2~3 min,注意颜色变化及是否有沉淀生成。

(2) 托伦实验:将上述斐林试剂换成托伦试剂,同样与 5%葡萄糖等 5 种试样作用,把没有银镜生成的试管置于 60℃左右的水浴中加热,观察现象。

2. 糖脎的生成

在 4 支试管中分别加入 1 mL 15%葡萄糖、果糖、蔗糖、麦芽糖样品,再加入 0.5 mL 10%苯肼盐酸盐溶液和 0.5 mL 15%醋酸钠溶液,在通风橱内置于沸水浴中加热约 20 min,并不断振荡,观察是否有黄色混浊物出现,冷却过程中继续观察,比较成脎结晶的速率,记录成脎的时间。

3. 淀粉的性质

(1) 碘实验:在盛有 1 mL 淀粉溶液的试管中,加 1 滴碘溶液,观察其现象。将试管放入沸水浴中加热,直到颜色褪去,冷却后又变回蓝色,解释现象。

(2) 淀粉的水解:在试管中加入 3 mL 淀粉溶液,再加入 0.5 mL 稀硫酸,于沸水浴中加热 5 min,冷却后用 10%氢氧化钠溶液中和至中性,然后取两滴上述溶液与斐林试剂作用,观察现象。

4. 纤维素的性质

(1) 纤维素水解作用:在一支小试管中加入 1 mL 水,慢慢加入 2 mL 浓硫酸,再加入少量脱脂棉,用玻璃棒搅拌至脱脂棉全溶,并成黏稠的浆状物,取 1 mL 倒入盛有 5 mL 水的试管中,观察有何现象。将剩余的黏稠液热水浴中加热至亮黄色,然后取出试管,冷却后倒入盛有 5 mL 水的试管中,观察现象。上述两支原盛有 5 mL 水的试管的试液分别用 10% NaOH 溶液中和至微碱性,分别做斐林实验和托伦实验,比较实验结果。

(2) 硝酸纤维素酯的制备:在一支小试管中慢慢加入 2 mL 浓硝酸和 4 mL 浓硫酸,混匀,再加入脱脂棉少许,将试管放于 60~70℃水浴中加热,同时不断搅拌。5 min 后,用玻璃棒取出脱脂棉,用水洗涤干净,将水尽量挤出,放在表面皿上用沸水浴干燥,得到浅黄色硝酸纤维素酯。分别点燃少许干燥的硝酸纤维素酯和脱脂棉,比较它们的燃烧情况。

5. 以生成糠醛及其衍生物为基础的实验

(1) 糖的呈色反应:在 3 支试管中分别放入 0.5 mL 5%葡萄糖、蔗糖、淀粉水溶液,滴入两滴 10% α-萘酚的乙醇溶液,混合均匀后,把试管倾斜 45°,沿管壁慢慢加入 1 mL 浓硫酸,勿摇动,硫酸在下层,样品在上层,两层交界处出现紫色环,表示溶液中含有糖类化合物。

(2) 己糖的 Seniwanoff 实验:在 3 支试管中,分别放入 0.5 mL 5%葡萄糖、果糖和蔗糖水溶液,向每支试管中加入 2 mL 间苯二酚溶液(溶解 0.5 g 间苯二酚于 1 L 4 mol/L 盐酸中),将 3 支试管放入沸水浴中加热,60 s 后取出试管,观察并记录结果。为完成实验的剩余部分,将其余试管放回沸水浴中,每隔 1 min 观察并记录每一试管中的颜色。5 min 后,蔗糖将会水解成果糖,后者发生反应。

五、注意事项

(1) 苯肼毒性很大,取用时要戴橡胶手套并在通风橱中操作。如不慎接触皮肤,立即用5%醋酸洗去,再用肥皂水洗。

(2) 纤维素与硫酸形成硫酸氢酯而溶于硫酸,纤维素经过硫酸部分水解的产物也溶于浓硫酸中,但不溶于水,当用水稀释酸溶液时又沉淀出来。当在酸中加热后,纤维素水解生成二糖和单糖而溶于水并具有还原性。

(3) 在本实验条件下制备硝酸纤维素酯,主要是生成纤维素二硝酸酯,没有爆炸性。但如果反应时间长,温度高,将生成具有爆炸性的三硝酸酯。

六、思考题

(1) D-葡萄糖、D-果糖、D-甘露糖能否用形成糖脎的实验来鉴别? 为什么?

(2) 写出己糖的 Seniwanoff 实验的反应方程式。

实验46 氨基酸和蛋白质的性质与鉴定

一、实验目的

验证氨基酸和蛋白质的某些重要化学性质。

二、试剂

清蛋白,1%甘氨酸,酪氨酸,1%色氨酸,1%鸡蛋白,茚三酮,饱和苦味酸溶液,鞣酸,$CuSO_4$,醋酸铅,$HgCl_2$,饱和$(NH_4)_2SO_4$ 溶液,5% HAc 溶液,浓 HNO,20% NaOH 溶液,饱和 $CuSO_4$ 溶液,硝酸汞试剂,30% NaOH 溶液,10%硝酸铅溶液,1 mol/L 盐酸溶液,1 mol/L 氢氧化钠溶液。

三、实验步骤

1. 氨基酸和蛋白质的两性性质

在盛有 3 mL 水的试管中,加入 0.2 g 酪氨酸,用玻璃棒充分搅拌,观察溶解情况。将其分成两份,各加入 1 mol/L 盐酸溶液和 1 mol/L 氢氧化钠溶液,观察现象。

向两份均为 10 滴蛋白质溶液中分别逐滴加入 1 mol/L 盐酸溶液和 1 mol/L 氢氧化钠溶液,观察有何现象发生。

2. 蛋白质的沉淀

(1) 用重金属盐沉淀蛋白质:取 3 支试管各盛有 1 mL 清蛋白溶液,分别加入饱和 $CuSO_4$ 溶液、醋酸铅、$HgCl_2$,2～3 滴,观察现象。

(2) 蛋白质的可逆沉淀:在盛有 2 mL 清蛋白的试管中加入 2 mL 饱和$(NH_4)_2SO_4$ 溶液,

振荡并观察现象。取浑浊液加入 1～3 mL 水振荡,观察蛋白质的沉淀是否溶解。

(3) 蛋白质与生物碱反应:向两支盛有 0.5 mL 蛋白质溶液的试管中加入 5％HAc 溶液至酸性,分别加入饱和苦味酸溶液和鞣酸,直到沉淀发生为止。

(4) 加热沉淀蛋白质:在一支试管中加入 1 mL 蛋白质溶液,置于沸水浴中加热十几分钟,观察有何现象发生。加入 5 mL 水后是否无变化。

3. 蛋白质的颜色反应

(1) 与茚三酮反应:在 4 支试管中分别加入 1％的甘氨酸、酪氨酸、色氨酸、鸡蛋白各 1 mL,再分别加入茚三酮试剂 2～3 滴,放于沸水浴中加热 10～15 min,观察现象。

(2) 黄蛋白反应:在试管中加入 1～2 mL 清蛋白溶液和 1 mL 浓硝酸,此时呈白色沉淀或浑浊,加热煮沸,观察现象。

(3) 蛋白质的二缩脲反应:在盛有 1～2 mL 清蛋白溶液和 1 mL 20％ NaOH 溶液的试管中,滴加几滴 $CuSO_4$ 溶液共热,观察现象。取 1％甘氨酸作对比实验,观察现象。

(4) 蛋白质与硝酸汞试剂作用:在盛有 2 mL 清蛋白的试管中,加入硝酸汞试剂 2～3 滴,小心加热,观察现象。用酪氨酸重复上述过程,观察现象。

4. 用碱分解蛋白质

取 1～2 mL 清蛋白放入试管中,加入 2～4 mL 30％ NaOH 溶液,煮沸 2～3 min,析出沉淀,继续沸腾,用湿润红色石蕊试纸检验。上述热浴液加入 1 mL 10％ $Pb(NO_3)_2$ 溶液,煮沸,观察现象。

四、注意事项

(1) 黄蛋白反应显示蛋白质的分子中含有单一的或合并的芳香环,这些芳香环与硝酸起硝化作用,生成多硝基物,结果显黄色。

(2) 任何蛋白质或其水解中间产物均有二缩脲反应,表明蛋白质或其水解中间产物均含有肽键。在蛋白质水解中间产物中,二缩脲反应的颜色与肽键数有关。

(3) 组成中有含有酚羟基的蛋白质,才能与硝酸汞试剂显砖红色。

五、思考题

(1) 怎样区分蛋白质的可逆沉淀和不可逆沉淀?

(2) 在蛋白质的二缩脲反应中,为什么要控制硫酸铜溶液的加入量? 过量的硫酸铜会导致什么结果?

第四节　有机化合物的制备实验

实验 47　环己烯的制备

一、实验目的

(1) 学习、掌握由环己醇制备环己烯的原理及方法。

(2) 了解分馏的原理及实验操作。

二、基本原理

主反应为可逆反应,本实验采用的措施是:边反应边蒸出反应生成的环己烯和水形成的二元共沸物(沸点 70.8℃,含水 10%)。但是原料环己醇也能和水形成二元共沸物(沸点 97.8℃,含水 80%)。为了使产物以共沸物的形式蒸出反应体系,而又不夹带原料环己醇,本实验采用分馏装置,并控制柱顶温度不超过 90℃。

反应采用 85% 的磷酸为催化剂,而不用浓硫酸作催化剂,是因为磷酸氧化能力较硫酸弱得多,减少了氧化副反应。

分馏的原理就是让上升的蒸汽和下降的冷凝液在分馏柱中进行多次热交换,相当于在分馏柱中进行多次蒸馏,从而使低沸点的物质不断上升、被蒸出;高沸点的物质不断地被冷凝、下降、流回加热容器中;结果将沸点不同的物质分离。

三、仪器和试剂

仪器:圆底烧瓶(50 mL)、刺形分馏柱、直形冷凝管、接液管、量筒(10 mL)、温度计(200℃)、烧杯(250 mL)、电热套。

试剂:环己醇、85%磷酸、饱和食盐水。

四、实验步骤

在 50 毫升干燥的圆底(或茄形)烧瓶中,放入 10 mL 环己醇(9.6 g, 0.096 mol)、5 mL 85%磷酸,充分振摇、混合均匀。投入几粒沸石,用锥形瓶作接受器。

将烧瓶在石棉网上用小火慢慢加热,控制加热速度使分馏柱上端的温度不要超过 90℃,馏出液为带水的混合物。当烧瓶中只剩下很少量的残液并出现阵阵白雾时,即可停止蒸馏。全部蒸馏时间约需 40 min。

将蒸馏液分去水层,加入等体积的饱和食盐水,充分振摇后静止分层,分去水层(洗涤微量的酸,产品在哪一层?)。将下层水溶液自漏斗下端活塞放出、上层的粗产物自漏斗的上口倒入干燥的小锥形瓶中,加入 1~2 g 无水氯化钙干燥。

将干燥后的产物滤入干燥的梨形蒸馏瓶中,加入几粒沸石,用水浴加热蒸馏。收集 80~85℃的馏分于一已称重的干燥小锥形瓶中。产量 4~5 g。本实验约需 4 h。

五、注意事项

(1) 环己醇在常温下是黏稠状液体,因而若用量筒量取时应注意转移中的损失。所以,取样时,最好先取环己醇,后取磷酸。

(2) 环己醇与磷酸应充分混合,否则在加热过程中可能会局部炭化,使溶液变黑。

(3) 安装仪器的顺序是从下到上,从左到右。十字头应口向上。

(4) 由于反应中环己烯与水形成共沸物(沸点 70.8℃,含水 10%);环己醇也能与水形成共沸物(沸点 97.8℃,含水 80%)。因比在加热时温度不可过高,蒸馏速度不宜太快,以减少末作用的环己醇蒸出。文献要求柱顶控制在 73℃左右,但反应速度太慢。本实验为了加快蒸出的速度,温度可控制在 90℃ 以下。

(5) 反应终点的判断可参考以下几个参数:①反应进行 40 min 左右;②分馏出的环己烯和水的共沸物达到理论计算量;③反应烧瓶中出现白雾。④柱顶温度下降后又升到 85℃ 以上。

(6) 洗涤分水时,水层应尽可能分离完全,否则将增加无水氯化钙的用量,使产物更多地被干燥剂吸附而招致损失。这里用无水氯化钙干燥较适合,因它还可除去少量环己醇。无水氯化钙的用量视粗产品中的含水量而定,一般干燥时间应在半个小时以上,最好干燥过夜。但由于时间关系,实际实验过程中,可能干燥时间不够,这样在最后蒸馏时,可能会有较多的前馏分(环己烯和水的共沸物)蒸出。

(7) 在蒸馏已干燥的产物时,蒸馏所用仪器都应充分干燥。接收产品的三角瓶应事先称重。

六、思考题

(1) 在纯化环己烯时,用等体积的饱和食盐水洗涤,而不用水洗涤,目的何在?

(2) 本实验提高产率的措施是什么?

(3) 实验中,为什么要控制柱顶温度不超过 90℃?

(4) 本实验用磷酸作催化剂比用硫酸作催化剂好在哪里?

实验 48　正溴丁烷的制备

一、实验目的

(1) 熟悉醇与氢卤酸发生亲核取代反应的原理,掌握正溴丁烷的制备方法。

(2) 掌握带气体吸收的回流装置的安装与操作及液体干燥操作。

二、基本原理

纯正溴丁烷(1-溴丁烷)为无色透明液体,沸点 101.6℃,密度 1.275 8 g/mL。不溶于水,易溶于乙醇、乙醚、丙酮等有机溶剂。可用作有机溶剂及有机合成时的烷基化剂及中间体,也可用作医药原料(如丁溴东莨菪碱可用于肠、胃炎、胆石症等)。实验室通常采用正丁醇与溴化氢发生亲核取代反应来制取。反应式如下:

主反应:

$$NaBr + H_2SO_4 \longrightarrow HBr + NaHSO_4$$

$$CH_3CH_2CH_2CH_2OH + HBr \rightleftharpoons CH_3CH_2CH_2CH_2Br + H_2O$$

　　　　　　正丁醇　　　　　　　　　　　1-溴丁烷

本实验主反应为可逆反应,为提高产率反应时采用溴化氢过量,并用溴化钠和浓硫酸代替溴化氢,边生成溴化氢边参与反应,可提高溴化氢的利用率;浓硫酸还起到催化脱水作用。

反应时硫酸应缓慢加入,温度不宜过高,否则易发生副反应:

$$2HBr + H_2SO_4 \longrightarrow Br_2 + SO_2 \uparrow + 2H_2O$$

$$2CH_3CH_2CH_2CH_2OH \xrightarrow[\triangle]{H_2SO_4} CH_3CH_2CH_2CH_2OCH_2CH_2CH_2CH_3 + H_2O$$

正丁醚

$$CH_3CH_2CH_2CH_2OH \xrightarrow[\triangle]{H_2SO_4} CH_3CH_2CH=CH_2 + H_2O$$

反应中,为防止反应物正丁醇被蒸出,采用了回流装置。由于溴化氢有毒,为防止溴化氢逸出,安装了气体吸收装置。

生成的1-溴丁烷中混有过量的溴化氢、硫酸、未完全转化的正丁醇及副产物烯烃、醚类等,经过洗涤、干燥和蒸馏予以除去。

三、仪器与试剂

仪器:圆底烧瓶(100 mL),球形冷凝管,玻璃漏斗,烧杯(250 mL),蒸馏烧瓶(50 mL),直形冷凝管,接液管,分液漏斗(100 mL),量筒(10 mL, 25 mL),温度计(200℃),锥形瓶(50 mL, 100 mL),电热套。

试剂:正丁醇,溴化钠,硫酸(98%),碳酸钠溶液(10%),氯化钙(无水),亚硫酸氢钠。

四、实验步骤

1. 回流

在100 mL圆底烧瓶中,放入12 mL水,置烧瓶于冰水浴中,在振摇下分批加入15 mL浓硫酸,混匀并冷至室温,再分四次加入9.7 mL正丁醇,混合均匀,然后在搅拌下加入13.3 g研细的溴化钠,充分旋动烧瓶以免结块,撤去冰浴,擦干烧瓶外壁,加入1～2粒沸石,参照图3-4(3)安装带气体吸收的回流装置。用250 mL烧杯盛放100 mL 5%氢氧化钠溶液作吸收液。

用电热套(或酒精灯)加热,并经常摇动烧瓶,促使溴化钠不断溶解,加热过程中始终保持反应液呈微沸,缓缓回流约1 h。反应结束,溴化钠固体消失,溶液出现分层。

2. 蒸馏

稍冷后拆去回流冷凝管,补加1～2粒沸石,在圆底烧瓶上安装蒸馏弯头改为蒸馏装置,用50 mL锥形瓶作为接受器。加热蒸馏,直至馏出液中无油滴生成为止。停止蒸馏后,烧瓶中的残液应趁热倒入废酸缸中。

3. 洗涤

将蒸出的粗1-溴丁烷倒入分液漏斗,用10 mL水洗涤一次,将下层的1-溴丁烷分入一干燥的50 mL锥形瓶中。再向盛粗1-溴丁烷的锥形瓶中滴入4 mL浓硫酸,用冰水浴冷却并加以振摇,倒入一个干燥的分液漏斗中,静置片刻,小心地尽量分去下层浓硫酸。油层依次用12 mL水、6 mL 10%碳酸钠溶液、12 mL水各洗涤一次。

4. 干燥

经洗涤后的粗1-溴丁烷由分液漏斗上口倒入干燥的锥形瓶中,加入2 g无水氯化钙,配上塞子,充分振摇后,放置30 min。

5. 蒸馏

安装一套普通蒸馏装置。将干燥好的粗 1-溴丁烷用漏斗(漏斗口上铺一薄层棉花)小心滤入干燥的蒸馏烧瓶中,放入 1~2 粒沸石,加热蒸馏。用称量过质量的锥形瓶收集 99~103℃馏分,称量,计算产率,并用 5%硝酸银-乙醇检验。

五、注意事项

(1) 回流时要微沸,注意溴化氢吸收装置,玻璃漏斗不要浸入水中,防止倒吸。

(2) 分液漏斗使用前要涂凡士林试漏,防止洗涤时漏液,造成产品损失。

(3) 洗涤分液时,应注意顺序,并认清哪一层是产品。

(4) 碱洗时放出大量热并有二氧化碳产生,因此洗涤时要不断放气,防止分液漏斗内的液体冲出来。

(5) 最后蒸馏时仪器要干燥,不得将干燥剂倒入蒸馏瓶内。

(6) 整个实验过程都要注意通风。

(7) 加水是为了减少溴化氢气体的逸出,减少副产物正丁醚和丁烯的生成。

(8) 用电热套加热时,一定要缓慢升温,使反应呈现微沸,烧瓶不要紧贴在电热套上,以便容易控制温度。

(9) 可用振荡整个铁架台的方法使烧瓶摇动。

(10) 残液中的硫酸氢钠冷却后结块,不易倒出。

(11) 第一次水洗时,如果产品有色(含溴),可加少量 $NaHSO_3$ 振摇后除去。

(12) 全套蒸馏仪器必须是干燥的,否则蒸出的产品呈现混浊。

六、思考题

(1) 在制备 1-溴丁烷的整个实验过程中提高产率的关键是什么?

(2) 加热回流后,反应瓶内上层呈橙红色,说明其中溶有何种物质? 它是如何产生的? 又应如何除去?

(3) 反应后产物中可能含有哪些杂质? 各步洗涤的目的是什么?

(4) 干燥 1-溴丁烷能否用无水硫酸镁代替无水氯化钙? 为什么?

(5) 由叔醇制备叔溴代烷时,能否用溴化钠和过量浓硫酸作试剂? 为什么?

实验 49　2-甲基-2-己醇的制备

一、实验目的

(1) 了解格氏反应在有机合成中的应用及制备方法。

(2) 掌握制备格氏试剂的基本操作。

二、基本原理

卤代烷在无水乙醚等溶剂中和金属镁作用后生成的烷基卤化镁 RMgX 称为格氏

(Gringnard)试剂。芳香族氯化物和乙烯基氯化物,在乙醚为溶剂的情况下,不生成格氏试剂。但若是改成沸点较高的四氢呋喃作溶剂,则它们也能生成格氏试剂,且操作比较安全。

格氏试剂能与环氧乙烷、醛、酮、羧酸酯等进行加成反应。将此加成产物水解,便可分别得到伯、仲、叔醇。结构复杂的醇,和取代烷基不同的叔醇的制备,不论是实验室还是工业上,格氏反应常常是最主要也是最有效的方法。

格氏反应必须在无水和无氧的条件下进行。因为微量水分的存在,不但会阻碍卤代烷和镁之间的反应,同时还会破坏格氏试剂。

因此,反应时最好用氮气赶走反应瓶中的空气。当用无水乙醚作溶剂时,由于乙醚的挥发性大,也可以借此赶走反应瓶中的空气。

此外,在格氏反应过程中有热量放出,所以滴加 RX 的速度不宜太快。必要时反应瓶需用冷水冷却。在制备格氏试剂时,必须先加入少量的卤代烷和镁作用,待反应引发后,再将其余的卤代烷逐滴加入,调节滴加速度,使乙醚溶液保持微沸为宜。对于活性较差的卤代烷或反应较难引发时,可采取轻微加热或加入少量的碘粒的办法来引发反应。

格氏试剂与醛、酮等形成的加成物,通常用稀盐酸或稀硫酸进行水解,以使产生的碱式卤化镁转变成易溶于水的镁盐,便于使乙醚溶液和水溶液分层。由于水解时放热,故要在冷却下进行。对于遇酸极易脱水的醇,最好用氯化铵溶液进行水解。

本实验的反应式为:

$$n - C_4H_9Br + Mg \xrightarrow{\text{无水 } C_2H_5OC_2H_5} n - C_4H_9MgBr$$

$$n - C_4H_9MgBr + CH_3COCH_3 \xrightarrow{\text{无水 } C_2H_5OC_2H_5} \begin{array}{c} n - C_4H_9C(CH_3)_2 \\ | \\ OMgBr \end{array}$$

$$\begin{array}{c} n - C_4H_9C(CH_3)_2 \\ | \\ OMgBr \end{array} + H_2O \xrightarrow{H^+} \begin{array}{c} n - C_4H_9C(CH_3)_2 \\ | \\ OH \end{array}$$

三、仪器及试剂

仪器:250 mL 三口瓶、搅拌器、冷凝管、干燥管、滴液漏斗、圆底烧瓶、电热套。

试剂:镁(新制)、无水乙醚(自制)、乙醚、正溴丁烷、丙酮、无水碳酸镁、10%硫酸溶液、5%碳酸钠溶液。

四、实验内容

在干燥的 250 mL 三口瓶中,加入 3.1 g(0.13 mol)镁屑和 15 mL 无水乙醚,并安装上搅拌器、带有氯化钙干燥管的冷凝管和筒形滴液漏斗,在滴液漏斗中加入 17 g(13.6 mL,0.13 mol)正溴丁烷和 15 mL 无水乙醚混合液。先往三口瓶中滴入 3~4 mL 混合液,溶液呈微沸腾状态,乙醚自行回流,若不发生反应,可用电热套温热。开始搅拌,反应开始比较剧烈,待反应缓和后,从冷凝管上端加入 25 mL 无水乙醚。滴入其余的正溴丁烷-乙醚溶液,控制滴加速度,维持乙醚溶液呈微沸状态。滴加完毕,用电热套加热回流 15~20 min,使镁屑作用完全。

在不断搅拌和冷水浴冷却下,从滴液漏斗缓缓滴入 7.5 g(9.5 mL,0.13 mol)丙酮和

10 mL无水乙醚的混合液,滴加速度以维持乙醚微沸为宜。滴加完毕,室温搅拌 15 min,三口瓶中可能有灰白色黏稠状固体析出。

将反应瓶用冷水浴冷却,搅拌下从滴液漏斗逐滴加入 100 mL 10%硫酸溶液以分解加成产物。分解完全后,将混合液倒入分液漏斗中,分出有机层,水层每次用 15 mL 乙醚萃取两次,合并有机层和萃取液,用 30 mL 5%碳酸钠溶液洗涤一次。有机层用无水碳酸钾干燥后,滤入干燥的 100 mL 圆底烧瓶中,先在80℃以下蒸去乙醚,乙醚回收。残留物移入 50 mL 圆底烧瓶中,进行蒸馏,收集 137~141℃的馏分。产量 7~8 g,产率 46%~53%。本实验约需6~8 h。

五、注意事项

(1) 所有的反应仪器必须充分干燥。仪器在烘箱中烘干,取出稍冷后放入干燥器冷却,或开口处用塞子塞住进行冷却,防止冷却过程中玻璃壁吸附空气的水分;所用的正溴丁烷用无水氯化钙干燥,丙酮用无水碳酸钾干燥,并均须蒸馏。

(2) 镁屑应用新刨制的。若镁屑因放置过久出现一层氧化膜,可用 5%盐酸溶液浸泡数分钟,抽滤除去酸液,依次用水、乙醇、乙醚洗涤。抽干后置于干燥器中备用。

(3) 本实验的搅拌棒可用橡胶圈封,应用石蜡油润滑,不可用甘油润滑。

(4) 开始时,为了使正溴丁烷局部浓度较大,易于发生反应,故搅拌应在反应开始后进行。若 5 min 仍不反应,可稍加温热,或在温热前加一小粒碘促使反应开始。

六、思考题

(1) 本实验在将格氏试剂加成物水解前的各步中,为什么使用的药品、仪器均须绝对干燥? 应采取什么措施?

(2) 反应若不能立即开始,应采取哪些措施? 如反应未真正开始,却加入了大量的正溴丁烷,后果如何?

(3) 实验有哪些副反应? 应如何避免?

实验 50　正丁醚的制备

一、实验目的

(1) 掌握醇分子间脱水制备醚的反应原理和实验方法。
(2) 学习使用分水器的实验操作。

二、基本原理

醇分子间脱水生成醚是制备简单醚的常用方法。
主反应:

$$2CH_3CH_2CH_2CH_2OH \underset{134 \sim 135℃}{\overset{H_2SO_4}{\rightleftharpoons}} CH_3CH_2CH_2CH_2OCH_2CH_2CH_2CH_3 + H_2O$$

副反应：

$$CH_3CH_2CH_2CH_2OH \xrightarrow{H_2SO_4} CH_3CH_2CH=CH_2 + H_2O$$

以硫酸作为催化剂，在不同温度下正丁醇与硫酸作用生成的产物会有不同，主要是正丁醚或丁烯，因此反应必须严格控制温度。

三、仪器与试剂

仪器：电热套，三颈烧瓶，温度计，蒸馏装置，球形冷凝管，分液漏斗。

试剂：正丁醇，浓硫酸，无水氯化钙，5%氢氧化钠，饱和氯化钙

四、实验步骤

1. 投料

在100 mL三口烧瓶中，加入15.5 mL正丁醇、2.5 mL浓硫酸和几粒沸石，摇匀后，一口装上温度计，温度计插入液面以下，另一口装上分水器，分水器的上端接一回流冷凝管。先在分水器内放置(V−2)mL水。

2. 电热套为热源，安装分水回流装置

3. 加热回流、分水

小火加热至微沸，回流，进行分水。反应中产生的水经冷凝后收集在分水器的下层，上层有机相积至分水器支管时，即可返回烧瓶。大约经1 h后，三口瓶中反应液温度可达134～136℃。当分水器全部被水充满时停止反应。若继续加热，则反应液变黑并有较多副产物烯生成。

4. 分离粗产物

将反应液冷却到室温后倒入盛有25 mL水的分液漏斗中，充分振摇，静置后弃去下层液体。上层为粗产物。

5. 洗涤粗产物

粗产物依次用16 mL 50%硫酸分两次洗涤、再用10 mL水洗涤，然后用无水氯化钙干燥。

6. 收集产物

将干燥好的产物移至小蒸馏瓶中，蒸馏，收集139～142℃的馏分。

五、注意事项

(1) 本实验根据理论计算失水体积为1.5 mL，故分水器放满水后先放掉约1.7 mL水。

(2) 制备正丁醚的较宜温度是130～140℃，但开始回流时，这个温度很难达到，因为正丁醚可与水形成共沸点物（沸点94.1℃含水33.4%）；另外，正丁醚与水及正丁醇形成三元共沸物（沸点90.6℃，含水29.9%，正丁醇34.6%），正丁醇也可与水形成共沸物（沸点93℃，含水44.5%），故应在100～115℃之间反应半小时之后可达到130℃以上。

(3) 在酸洗过程中，要注意安全。

(4) 正丁醇溶在50%硫酸溶液中，而正丁醚微溶。

六、思考题

(1) 如何得知反应已经比较完全?

(2) 冷却后为什么要倒入 25 mL 水中? 各步的洗涤目的何在?

(3) 能否用本实验方法由乙醇和 2-丁醇制备乙基仲丁基醚? 你认为用什么方法比较好?

(4) 如果反应温度过高,反应时间过长,可导致什么结果?

(5) 如果最后蒸馏前的粗品中含有丁醇,能否用分馏的方法将它除去? 这样做好不好?

实验 51　环己酮的制备

一、实验目的

(1) 学习铬酸氧化法制环己酮的原理和方法。

(2) 通过第二醇转变为酮的实验,进一步了解醇和酮之间的联系和区别。

二、基本原理

实验室制备脂肪或脂环醛酮,最常用的方法是将伯醇和仲醇用铬酸氧化。铬酸是重要的铬酸盐和 $40\% \sim 50\%$ 硫酸的混合物。

$$\text{OH} + Na_2Cr_2O_7 + H_2SO_4 \longrightarrow \text{O} + Cr_2(SO_4)_3 + Na_2SO_4 + H_2O$$

仲醇用铬酸氧化是制备酮的最常用的方法。酮对氧化剂比较稳定,不易进一步氧化。铬酸氧化醇是一个放热反应,必须严格控制反应的温度,以免反应过于激烈。

三、仪器与试剂

仪器:回流装置,蒸馏装置,圆底烧瓶,烧杯,分液漏斗,直型冷凝管。

试剂:重铬酸钾,环己醇,浓硫酸,食盐,无水硫酸镁,乙醚。

四、实验步骤

(1) 在微型锥形瓶中放入约 3 g 的碎冰,慢慢滴入 1 mL 浓硫酸,混匀后小心加入 1.05 mL (1 g, 0.01 mol)的环己醇,振荡。

(2) 在混合液中放入小型温度计,将混合液冷却至 $<30℃$。

(3) 边振荡边慢慢滴入重铬酸钠溶液(将 1.05 g $Na_2Cr_2O_7 \cdot 2H_2O$ 溶于 0.6 mL 水中)。此氧化反应为放热反应,滴加时混合液迅速升温,因此滴加速度要慢,5~10 min 内滴完。应通过控制滴加速度和冰水浴冷却等措施,使反应液控制在 50℃ 左右甚或更低。

(4) 完重铬酸钠溶液应继续振荡,直至温度自动明显下降。

(5) 加入 0.05 g 草酸,以破坏过量的重铬酸盐。

（6）将混合液移入微型烧瓶，加入约 5 mL 水及小粒沸石，装成蒸馏装置（亦即一种简化的水蒸气蒸馏装置）。由于环己酮与水能形成二元恒沸液（含环己酮 39.4％，含水 61.6％），该恒沸液的沸点为 95℃，因此可用热空气浴（直接火隔着石棉网加热，石棉网与微型烧瓶间有一空隙）将环己酮与水一并蒸出。馏出液不再浑浊后再多收集 0.5～1 mL 馏出液，总馏出液量约 2～2.5 mL，在作为接受器的锥形瓶中加入氯化钠约 0.75～1 g 使溶液饱和。

（7）将溶液移至分液漏斗，静置，分出有机层，用无水碳酸钠（钾）干燥。滤去干燥剂，即为环己酮产品。计算产量及产率。

五、注意事项

（1）本实验是一个放热反应，必须严格控制反应温度，避免反应过于剧烈。

（2）加入食盐的目的是为了降低环己酮在水中的溶解度，有利于分层。

（3）反应物不宜过于冷却，以免积累起未反应的铬酸。当铬酸达到一定浓度时，氧化反应会进行得非常剧烈，有失控的危险。

六、思考题

（1）用铬酸氧化法环己酮的制备实验，为什么要严格控制反应温在 55～60℃ 之间，温度过高或过低有什么不好？

（2）重铬酸钠，浓硫酸体系氧化环己醇的反应机制是什么？反应终了生成的深绿色产物中所含铬化物是什么，此反应是否可以用碱性高锰酸钾氧化？会得到什么产物？

实验 52　己二酸的制备

一、实验目的

（1）学习用环己醇氧化制备己二酸的原理和方法。

（2）学习带有电动搅拌装置的操作技术。

（3）进一步掌握重结晶、减压过滤等操作。

二、基本原理

制备羧酸最常用的方法是氧化法。氧化剂可用浓硝酸、碱性高锰酸钾或酸性高锰酸钾。本实验采用碱性高锰酸钾作氧化剂。氧化环己醇制备己二酸，反应方程式为：

$$\text{环己醇} \xrightarrow{\text{KMnO}_4/\text{OH}^-} \text{己二酸}$$

三、仪器与试剂

仪器：三口烧瓶，温度计，电动搅拌装置，球形冷凝管，滴液漏斗，水浴加热装置，烧杯，圆底烧瓶等。

试剂：高锰酸钾 6 g，0.3M 氢氧化钠（50 mL），环己醇（2.1 mL），亚硫酸氢钠，活性炭，亚硫酸氢钠。

四、实验步骤

（1）安装反应装置，三口烧瓶中加入 6 g 高锰酸钾和 50 mL 0.3 mol/L 氢氧化钠溶液，搅拌加热至 35℃使之溶解，然后停止加热。

（2）在继续搅拌下用滴管滴加 2.1 mL 环己醇，控制滴加速度，维持反应温度 43～47℃，滴加完毕后若温度下降，可在 50℃的水浴中继续加热，直到高锰酸钾溶液颜色褪去。在沸水浴中将混合物加热几分钟使二氧化锰凝聚。

（3）趁热抽滤，滤渣二氧化锰用少量热水洗涤 3 次，每次尽量挤压掉滤渣中的水分。

（4）滤液用小火加热蒸发使溶液浓缩至原来体积的一半，冷却后再用浓盐酸酸化至 pH 值为 2～4 止。冷却析出结晶，抽滤后得粗产品。

（5）将粗产物用水进行重结晶提纯。然后在烘箱中烘干。

五、注意事项

（1）制备羧酸采取的都是比较强烈的氧化条件，一般都是放热反应，应严格控制反应温度，否则不但影响产率，有时还会发生爆炸事故。

（2）环己醇常温下为黏稠液体，可加入适量水搅拌，便于用滴管滴加。

六、思考题

（1）为什么要控制环己醇的滴加速度？

（2）反应完后如果反应混合物呈淡紫红色，为什么要加入亚硫酸氢钠？

（3）如用环戊醇作反应物，产物是什么？

实验 53　乙酸乙酯的制备

一、实验目的

（1）熟悉和掌握酯化反应的基本原理和制备方法。
（2）掌握液体有机化合物的精制方法。

二、基本原理

在少量酸的催化下，羧酸和醇反应生成酯，这个反应叫做酯化反应。该反应通过加成-消去过程。质子活化的羰基被亲核的醇进攻发生加成，在酸作用下脱水成酯。该反应为可逆反应，为了完成反应一般采用大量过量的反应试剂（根据反应物的价格，过量酸或过量醇）。有时可以加入与水恒沸的物质不断从反应体系中带出水移动平衡（即减小产物的浓度）。

酯化反应的可能历程为：

$$R-\overset{O}{\underset{}{C}}-OH \underset{}{\overset{H^+}{\rightleftharpoons}} R-\overset{+OH}{\underset{OH}{C}} \rightleftharpoons R-\overset{OH}{\underset{H-O^+R'}{C}}-OH \overset{-H^+}{\rightleftharpoons} R-\overset{OH}{\underset{OR'}{C}}-OH$$

$$R-\overset{OH}{\underset{OR'}{C}}-OH \overset{H^+}{\rightleftharpoons} R-\overset{\ddot{O}H}{\underset{OR'}{C}}-\overset{+}{O}H_2 \overset{-H_2O}{\rightleftharpoons} R-\overset{+OH}{\underset{OR'}{C}}-OR' \overset{-H^+}{\rightleftharpoons} R-\overset{O}{\underset{}{C}}-OR'$$

在本实验中,我们是利用冰乙酸和乙醇反应,得到乙酸乙酯。反应式如下:

$$CH_3COOH + CH_3CH_2OH \underset{110\sim120℃}{\overset{H_2SO_4}{\rightleftharpoons}} CH_3COOC_2H_5 + H_2O$$

三、仪器和试剂

仪器:恒压漏斗,三口圆底烧瓶,温度计,蒸馏头,直形冷凝管,接引管,锥形瓶,球形冷凝管,分液漏斗。

药品:冰醋酸,95%乙醇,浓硫酸,饱和碳酸钠溶液,饱和食盐水,饱和氯化钙溶液,无水碳酸钾。

四、实验步骤

1. 反应

在三口烧瓶中的一侧口装配一恒压滴液漏斗,另一侧口固定一个温度计,中口装配球形冷凝管。

在一小锥形瓶中放入 3 mL 乙醇,一边摇动,一边慢慢加入 3 mL 浓硫酸,并将此溶液倒入三口烧瓶中。配制 20 mL 乙醇和 14.3 mL 冰醋酸的混合溶液倒入滴液漏斗中。加热烧瓶,保持反应体系温度约为 120℃左右。然后把滴液漏斗中的混合溶液慢慢滴加到三口烧瓶中。调节加料的速度,每分钟约 10~12 滴,加料时间约 60 min。这时保持反应物温度 120~125℃。滴加完毕后,继续加热约 10 min。

把反应液倒入一圆底烧瓶,进行蒸馏,收集 60~90℃馏分。

2. 纯化

先用饱和 $NaCO_3$ 溶液中和馏出液中的酸,直到无 CO_2 气体溢出为止;之后在分液漏斗中依次用等体积的饱和 NaCl 溶液(洗涤碳酸钠溶液),饱和 $CaCl_2$ 溶液(洗涤醇,$CaCl_2$ 可与醇生成配位化合物)洗涤馏出液,最后将上层的乙酸乙酯倒入干燥的小锥形瓶中,加入无水 $MgSO_4$,干燥 10 min。

注意:

(1) 由于乙酸乙酯可以与水、醇形成共沸物,因此在馏出液中还有水、乙醇。

(2) 在此用饱和溶液的目的是降低乙酸乙酯在水中的溶解度。

3. 蒸馏

将干燥好的粗乙酸乙酯转移至单口烧瓶中,水浴加热,常压蒸馏,收集 74~84℃馏分。称重并计算产率。

五、注意事项

(1) 控制反应温度在 120~125℃,温度过高会增加副产物乙醚的含量。

（2）洗涤时注意放气，有机层用饱和 NaCl 洗涤后，尽量将水相分干净。

（3）干燥后的粗产品进行蒸馏时，收集 74～84℃馏分。

（4）加热之前一定将反应混合物混合均匀，否则容易炭化。

（5）用饱和碳酸钠水溶液洗涤有机相时有二氧化碳产生，注意及时给分液漏斗放气，以免气体冲开分液漏斗的塞子而损失产品。

（6）正确进行蒸馏操作，温度计水银球的上沿与蒸馏头下沿平。

（7）有机相干燥要彻底，不要把干燥剂转移到蒸馏烧瓶中。

（8）反应和蒸馏时不要忘记加沸石。

（9）用 $CaCl_2$ 溶液洗之前，一定要先用饱和 NaCl 溶液洗，否则会产生沉淀，给分液带来困难。

六、思考题

（1）酯化反应有什么特点？

（2）本实验有哪些可能的副反应？

（3）采用醋酸过量是否可以，为什么？

（4）在纯化过程中，Na_2CO_3 溶液、NaCl 溶液、$CaCl_2$ 溶液、$MgSO_4$ 粉末分别除去什么杂质？

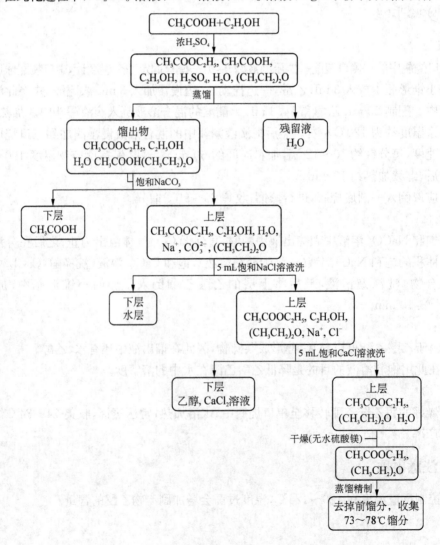

实验54　乙酰水杨酸(阿司匹林)的制备与纯化

一、实验目的

(1) 学习利用酚类的酰化反应制备乙酰水杨酸(acetyl salicylic acid)的原理和制备方法。

(2) 掌握重结晶、减压过滤、洗涤、干燥、熔点测定等基本实验操作。

二、基本原理

乙酰水杨酸即阿司匹林,可通过水杨酸与乙酸酐反应制得。

在生成乙酰水杨酸的同时,水杨酸分子之间也可以发生缩合反应,生成少量的聚合物。乙酰水杨酸能与碳酸钠反应生成水溶性盐,而副产物聚合物不溶于碳酸钠溶液,利用这种性质上的差异,可把聚合物从乙酰水杨酸中除去。

粗产品中还有杂质水杨酸,这是由于乙酰化反应不完全或由于在分离步骤中发生水解造成的。它可以在各步纯化过程和产物的重结晶过程中被除去。与大多数酚类化合物一样,水杨酸可与三氯化铁形成深色配位化合物,而乙酰水杨酸因酚羟基已被酰化,不与三氯化铁显色,因此,产品中残余的水杨酸很容易被检验出来。

三、仪器与试剂

仪器:三口烧瓶,球形冷凝管,烧杯,表面皿,减压过滤装置,水浴锅,电炉与调压器,温度计,锥形瓶。

试剂:水杨酸,乙酸酐,浓硫酸,盐酸溶液(1:2),饱和碳酸氢钠,95%乙醇。

四、实验步骤

在125 mL的锥形瓶中加入2 g水杨酸、5 mL乙酸酐、5滴浓硫酸,小心旋转锥形瓶使水杨酸全部溶解后,在水浴中加热5～10 min,控制水浴温度在85～90℃。取出锥形瓶,边摇边滴加1 mL冷水,然后快速加入50 mL冷水,立即进入冰浴冷却。若无晶体或出现油状物,可用玻棒摩擦内壁(注意必须在冰水浴中进行)。待晶体完全析出后用布氏漏斗抽滤,用少量冰水分两次洗涤锥形瓶后,再洗涤晶体,抽干。

将粗产品转移到150 mL烧杯中,在搅拌下慢慢加入25 mL饱和碳酸钠溶液,加完后继续搅拌几分钟,直到无二氧化碳气体产生为止。抽滤,副产物聚合物被滤出,用 $5\sim10$ mL 水冲洗漏斗,合并滤液,倒入预先盛有 $4\sim5$ mL 浓盐酸和 10 mL 水配成溶液的烧杯中,搅拌均匀,即有乙酰水杨酸沉淀析出。用冰水冷却,使沉淀完全。减压过滤,用冷水洗涤 2 次,抽干水分。将晶体置于表面皿上,蒸汽浴干燥,得乙酰水杨酸产品。称重,约 1.5 g,测熔点 $133\sim135℃$。

取几粒结晶加入盛有 5 mL 水的试管中,加入 $1\sim2$ 滴 1% 的三氯化铁溶液,观察有无颜色反应。

为了得到更纯的产品,可将上述晶体的一半溶于少量($2\sim3$ mL)乙酸乙酯中,溶解时应在水浴上小心加热,如有不溶物出现,可用预热过的小漏斗趁热过滤。将滤液冷至室温,即可析出晶体。如不析出晶体,可在水浴上稍加热浓缩,然后将溶液置于冰水中冷却,并用玻棒磨擦瓶壁,结晶后,抽滤析出的晶体,干燥后再测熔点,应为 $135\sim136℃$。

五、注意事项

(1) 要按照实验要求的顺序加样。否则,如果先加水杨酸和浓硫酸,水杨酸就会被氧化。

(2) 本实验的几次结晶都比较困难,要有耐心。在冰水冷却下,用玻棒充分磨擦器皿壁,才能结晶出来。

(3) 由于产品微溶于水,所以水洗时,要用少量冷水洗涤,用水不能太多。

(4) 第一次的粗产品不用干燥,即可进行下步纯化,第二步的产品可用蒸汽浴干燥。

(5) 在最后重结晶操作中,可用微型玻璃漏斗过滤,以避免用大漏斗粘附的损失。

(6) 最后的重结晶出可用乙醇溶解,并加水析晶。方法是:将晶体放入磨口锥形瓶中,加入 10 mL 95% 乙醇及 $1\sim2$ 颗沸石,接上球形冷凝管,在水浴中加热溶解后,移去火源,取下锥形瓶,滴入冷蒸馏水至沉淀析出,再加入 2 mL 冷蒸馏水,析出完全后,抽滤,以少量冷蒸馏水洗涤晶体二次,抽干,取出晶体,用滤纸压干,再蒸汽浴干燥,称重。

六、思考题

(1) 本实验为什么不能在回流下长时间反应?

(2) 反应后加水的目的是什么?

(3) 第一步的结晶的粗产品中可能含有哪些杂质?

(4) 当结晶困难时,可用玻璃棒在器皿壁上充分磨擦,即可析出晶体。试述其原理?除此之外,还有什么方法可以让其快速结晶?

实验 55 苯胺的制备

一、实验目的

(1) 掌握硝基苯还原成苯胺的基本原理和方法。

(2) 巩固水蒸气蒸馏和简单蒸馏的基本操作。

二、基本原理

苯胺的制取不可能用任何直接的方法将氨基(—NH$_2$)导入苯环上,而是经过间接的方法来制取,芳香硝基化合物还原是制备芳胺的主要方法。实验室常用的方法是在酸性溶液中用金属进行化学还原。常用锡-盐酸来还原简单的硝基化合物,也可以用铁-醋酸法。

1. 锡-盐酸法

$$2 \langle\!\!\!\langle\rangle\!\!\!\rangle - NO_2 + 3Sn + 14HCl \longrightarrow \left[\langle\!\!\!\langle\rangle\!\!\!\rangle - NH_3^+ \right]_2 SnCl_6^{2-}$$

$$\left[\langle\!\!\!\langle\rangle\!\!\!\rangle - NH_3^+ \right]_2 SnCl_6^{2-} + 8NaOH \longrightarrow 2 \langle\!\!\!\langle\rangle\!\!\!\rangle - NH_2 + Na_2SnO_3 + 5H_2O + 6NaCl$$

2. 铁-醋酸法

$$4 \langle\!\!\!\langle\rangle\!\!\!\rangle - NO_2 + 9Fe + 4H_2O \xrightarrow{H^+} 4 \langle\!\!\!\langle\rangle\!\!\!\rangle - NH_2 + 3Fe_3O_4$$

苯胺有毒,操作时避免与皮肤接触,或吸入蒸汽!

三、仪器和试剂

仪器:回流装置,水蒸气蒸馏装置,分液漏斗,水浴锅,空气冷凝管,石棉网。

试剂:锡粒,硝基苯,浓盐酸,50% NaOH 溶液,氯化钠,乙醚。

四、实验步骤

在一个 100 mL 圆底烧瓶中,放置 9 g 锡粒,4 mL 硝基苯,装上回流装置,量取 20 mL 浓盐酸,分数次从冷凝管口加入烧瓶并不断摇动反应混合物。若反应太激烈,瓶内混合物沸腾时,将圆底烧瓶侵入冷水中片刻,使反应缓慢。当所有的盐酸加完后,将烧瓶至于沸腾的热水浴中加热 30 min,使还原趋于完全,然后使反应物冷却至室温,在摇动下慢慢加入 50% NaOH 溶液使反应物呈碱性。

然后将反应瓶改为水蒸气蒸馏装置,进行水蒸气蒸馏直到蒸出澄清液为止,将馏出液放入分液漏斗中,分出粗苯胺。水层加入氯化钠 3～5 g 使其饱和后,用 20 mL 乙醚分两次萃取,合并粗苯胺和乙醚萃取液,用粒状氢氧化钠干燥。将干燥后的混合液小心地倾入干燥的 50 mL 蒸馏烧瓶中,在热水浴上蒸去乙醚,然后改用空气冷凝管,在石棉网上加热,收集 180～185℃ 的馏分,产量 2.3～2.5 g(产率 63%～69%)。纯苯胺的 bp. 为 184.1℃,n_D^{20} 为 1.586 3。

五、注意事项

(1) 本实验是一个放热反应,当每次加入硝基苯时均有一阵猛烈的反应发生,故要审慎加入,及时振摇与搅拌。

(2) 硝基苯为黄色油状物,如果回流液中,黄色油状物消失,而转变成乳白色油珠,表示反应已完全。

(3) 反应完后,圆底烧瓶上粘附的黑褐色物质,用 1:1 盐酸水溶液温热除去。

(4) 在 20℃ 时每 100 g H$_2$O 中可溶解 3.4 g 苯胺,根据盐析原理,加氯化钠使溶液饱和,则析出苯胺。

（5）本实验用粒状 NaOH 干燥，原因是 $CaCl_2$ 与苯胺形成的分子化合物。

（6）反应物内的硝基苯与盐酸互不相溶，而这两种液体与固体铁粉接触机会很少，因此充分振摇反应物，是使还原作用顺利进行的操作关键。

（7）反应物变黑时，即表明反应基本完成，欲检验，可吸入反应液滴入盐酸中并摇振，若完全溶解表示反应已完成，为什么？

六、思考题

（1）根据什么原理，选择水蒸气蒸馏把苯胺的反应混合物中分离出来。
（2）如果最后制得的苯胺中混有硝基苯该怎样提纯？

实验56　乙酰苯胺的制备

一、实验目的

（1）熟悉氨基酰化反应的原理及意义，掌握乙酰苯胺的制备方法。
（2）进一步掌握分馏装置的安装与操作。
（3）熟练掌握重结晶、趁热过滤和减压过滤等操作技术。

二、基本原理

乙酰苯胺为无色晶体，具有退热镇痛作用，是较早使用的解热镇痛药，因此俗称"退热冰"。乙酰苯胺也是磺胺类药物合成中重要的中间体。由于芳环上的氨基易氧化，在有机合成中为了保护氨基，往往先将其乙酰化转化为乙酰苯胺，然后再进行其他反应，最后水解除去乙酰基。

乙酰苯胺可由苯胺与乙酰化试剂如：乙酰氯、乙酐或乙酸等直接作用来制备。反应活性是乙酰氯＞乙酐＞乙酸。由于乙酰氯和乙酐的价格较贵，本实验选用纯的乙酸（俗称冰醋酸）作为乙酰化试剂。反应式如下：

$$\text{（苯胺）}-NH_2 + CH_3COOH \rightleftharpoons \text{（苯环）}-NHCOCH_3 + H_2O$$

冰醋酸与苯胺的反应速率较慢，且反应是可逆的，为了提高乙酰苯胺的产率，一般采用冰醋酸过量的方法，同时利用分馏柱将反应中生成的水从平衡中移去。由于苯胺易氧化，加入少量锌粉，防止苯胺在反应过程中氧化。

乙酰苯胺在水中的溶解度随温度的变化差异较大（20℃，0.46 g；100℃，5.5 g），因此生成的乙酰苯胺粗品可以用水重结晶进行纯化。

三、仪器和试剂

仪器：圆底烧瓶（100 mL），刺形分馏柱，直形冷凝管，接液管，量筒（10 mL），温度计（200℃），烧杯（250 mL），吸滤瓶，布氏漏斗，小水泵，保温漏斗，电热套。

试剂：苯胺，冰醋酸，锌粉，活性炭。

四、实验步骤

1. 酰化

在 100 mL 圆底烧瓶中,加入 5 mL 新蒸馏的苯胺、8.5 mL 冰醋酸和 0.1 g 锌粉。立即装上分馏柱,在柱顶安装一支温度计,用小量筒收集蒸出的水和乙酸。用电热套缓慢加热至反应物沸腾。调节电压,当温度升至约 105℃时开始蒸馏。维持温度在 105℃左右约 30 min,这时反应所生成的水基本蒸出。当温度计的读数不断下降时,则反应达到终点,即可停止加热。

2. 结晶抽滤

在烧杯中加入 100 mL 冷水,将反应液趁热以细流倒入水中,边倒边不断搅拌,此时有细粒状固体析出。冷却后抽滤,并用少量冷水洗涤固体,得到白色或带黄色的乙酰苯胺粗品。

3. 重结晶

将粗产品转移到烧杯中,加入 100 mL 水,在搅拌下加热至沸腾。观察是否有未溶解的油状物,如有则补加水,直到油珠全溶。稍冷后,加入 0.5 g 活性炭,并煮沸 10 min。在保温漏斗中趁热过滤除去活性炭。滤液倒入热的烧杯中。然后自然冷却至室温,冰水冷却,待结晶完全析出后,进行抽滤。用少量冷水洗涤滤饼两次,压紧抽干。将结晶转移至表面皿中,自然晾干后称量,计算产率。

五、注意事项

(1) 反应所用玻璃仪器必须干燥。

(2) 锌粉的作用是防止苯胺氧化,只要少量即可。加得过多,会出现不溶于水的氢氧化锌。

(3) 反应时分馏温度不能太高,以免大量乙酸蒸出而降低产率。

(4) 重结晶过程中,晶体可能不析出,可用玻璃棒摩擦烧杯壁或加入晶种使晶体析出。

(5) 冰醋酸具有强烈刺激性,要在通风橱内取用。

(6) 切不可在沸腾的溶液中加入活性炭,以免引起暴沸。

六、思考题

(1) 用乙酸酰化制备乙酰苯胺方法如何提高产率?

(2) 反应温度为什么控制在 105℃左右? 过高过低对实验有什么影响?

(3) 根据反应式计算,理论上能产生多少毫升水? 为什么实际收集的液体量多于理论量?

(4) 反应终点时,温度计的温度为何下降?

实验 57　苯甲酸和苯甲醇的制备

一、实验目的

(1) 熟悉反应原理,掌握苯甲酸和苯甲醇的制备方法。

(2) 复习分液漏斗的使用及重结晶、抽滤等操作。

二、基本原理

$$2 \text{Ph-CHO} + \text{KOH} \longrightarrow \text{Ph-CH}_2\text{OH} + \text{Ph-COOK} \xrightarrow{\text{H}^+} \text{Ph-COOH}$$

副反应:$\quad \text{Ph-CHO} + \text{O}_2 \longrightarrow \text{Ph-COOH}$

三、仪器与试剂

仪器:锥形瓶,分液漏斗,水浴锅,空气冷凝管,刚果红试纸。

试剂:Ph-CHO,NaOH,乙醚,NaHSO$_3$(饱和),Na$_2$CO$_3$,HCl(浓),无水 MgSO$_4$。

四、实验步骤

1. 加料,歧化反应

125 mL 锥形瓶中,加 9 g NaOH、9 mL H$_2$O 和 10 mL Ph-CHO。该反应是两相反应,不断振摇是关键。得白色糊状物。

2. 萃取,分离

加水溶解,置于分液漏斗中。每次用 10 mL 乙醚萃取,共萃取水层 3 次(萃取苯甲醇),水层保留。

3. 洗涤醚层

依次用 NaHSO$_3$(饱和)、10% Na$_2$CO$_3$、H$_2$O 各 5 mL 洗涤醚层。除去 Ph-CHO、酸性NaHSO$_3$、盐。

4. 干燥,蒸馏

用无水 MgSO$_4$ 干燥半小时。水浴回收乙醚。用空气冷凝管收集 Ph-CH$_2$OH(200～204℃馏分)。

5. 酸化,重结晶

浓盐酸酸化使刚果红试纸变蓝,冷却析出 Ph-COOH。必要时用水重结晶。

五、注意事项

(1) 如果第一步反应不能充分振摇,会影响后续反应的产率。如混合充分,放置 24 h 后混合物通常在瓶内固化,苯甲醛气味消失。

(2) 用分液漏斗分液时,水层从下面分出,乙醚层要从上面倒出,否则会影响后面的操作。

(3) 用干燥剂干燥时,一定要澄清后才能倒在蒸馏瓶中蒸馏,否则蒸出的产物不纯。

(4) 水层如果酸化不完全,会使苯甲酸不能充分析出,导致产物损失。

六、思考题

(1) 为什么要振摇? 白色糊状物是什么?

(2) 各步洗涤分别除去什么?

(3) 萃取后的水溶液,酸化到中性是否合适? 为什么? 不用试纸,怎样知道酸化已恰当?

实验 58 甲基橙的制备

一、实验目的

(1) 学会重氮化反应,偶联反应的操作技术。

(2) 进一步熟悉重结晶操作技术。

二、基本原理

将对氨基苯磺酸与氢氧化钠作用生成易溶于水的盐,再与 HNO_2 重氮化,然后再与 N, N-二甲基苯胺偶联得到粗产品甲基橙。粗产品在 0.2% NaOH 液中进行重结晶,得到甲基橙精产品。

反应式如下:

$$H_2N \text{—} \langle \bigcirc \rangle \text{—} SO_3H + NaOH \longrightarrow H_2N \text{—} \langle \bigcirc \rangle \text{—} SO_3Na + H_2O$$

$$NaO_3S \text{—} \langle \bigcirc \rangle \text{—} NH_2 + NaNO_2 \xrightarrow[0\sim5℃]{HCl} [HO_3S \text{—} \langle \bigcirc \rangle \text{—} N \equiv N]Cl$$

$$[HO_3S \text{—} \langle \bigcirc \rangle \text{—} N \equiv N]Cl + \langle \bigcirc \rangle \text{—} N{\overset{CH_3}{\underset{CH_3}{\diagup}}} \xrightarrow{HAc}$$

$$[HO_3S \text{—} \langle \bigcirc \rangle \text{—} N = N \text{—} \langle \bigcirc \rangle \text{—} \overset{H}{\underset{CH_3}{\overset{|}{N}}}{-}CH_3]Ac$$

$$[HO_3S \text{—} \langle \bigcirc \rangle \text{—} N = N \text{—} \langle \bigcirc \rangle \text{—} \overset{H}{\underset{CH_3}{\overset{|}{N}}}{-}CH_3]Ac \xrightarrow{NaOH}$$

$$NaO_3S \text{—} \langle \bigcirc \rangle \text{—} N = N \text{—} \langle \bigcirc \rangle \text{—} N{\overset{CH_3}{\underset{CH_3}{\diagup}}}$$

三、仪器与试剂

仪器:烧杯,试管,滴管,刻度吸管,布氏漏斗,滤纸,抽气瓶,恒温水浴锅,冰水浴,温度计,玻璃棒,洗耳球,水泵,台称,pH 试纸,量筒。

试剂:对氨基苯磺酸,N,N-二甲基苯胺,$NaNO_2$,3 mol/L HCl,10% NaOH,5% NaOH,0.2% NaOH,95%乙醇,乙醚,冰乙酸,碘化钾-淀粉试纸,pH 试纸。

四、实验步骤

(1) 在台秤上称取 2.1 g(0.01 mol)对氨基苯磺酸晶体置于 100 mL 烧杯中,加入约10 mL 5% NaOH,温水浴中温热,晶体完全溶解后冷却到室温。

(2) 称取 0.8 g $NaNO_2$(0.011 mol)置试管中,加 6 mL 水,摇动溶解完后倒入装有对氨基苯磺酸的烧杯中。搅拌均匀,将烧杯放置于冰水中,冷却到 0~5℃(继续放在冰水浴中进行下一步实验)。

(3) 将 12 mL 3 mol/L HCl 慢慢滴入烧杯中,不断搅拌,烧杯中温度控制在 0~5℃之间。滴完后用玻璃棒取液滴置于淀粉-碘化钾试纸上,试纸应为蓝色。继续在冰水浴中搅拌 15 min,可见到有白色细粒状重氮盐析出。

(4) 用刻度吸管吸取 1.3 mL N,N-二甲基苯胺液体(约 0.01 mol)和 1 mL 冰乙酸置于试管中混合均匀,慢慢滴加到上面制得的重氮盐中,同时剧烈搅拌。可见到红色沉淀析出。继续搅拌 10 min,使偶联完全。

(5) 从冰水浴中取出烧杯,加入约 13~15 mL 10% NaOH,至溶液呈碱性(用 pH 试纸试验)。不断搅拌,可见红色甲基橙粗产品变为橙色。

(6) 将烧杯置 60℃水浴中加热,直至甲基橙晶体完全溶解,冷却至室温,有甲基橙晶体析出,再将烧杯置冰水浴中冷却 5 min,使甲基橙结晶完全。抽气过滤,收集晶体在一起,并依次用冰水、95%乙醇、乙醚各 10 mL 洗涤晶体,抽干。得到甲基橙粗产品。

(7) 将粗产品转入到烧杯中,加入 70~80 mL 0.2% NaOH 液,进行重结晶。过滤,收集晶体,凉干,称重,计算产率。

(8) 产品集中回收。

五、注意事项

(1) 对氨基苯磺酸是两性化合物酸性比碱性强以酸性内盐形成存在。但重氮时,又要在酸性溶液中进行,因此生氮时,首先将对氨基苯磺酸与碱作用变成水溶性较大的细盐。

(2) 重氮化过程中,严格控制温度很重要,反应温度高于5℃则生成的重氮盐易水解用的酚,降低产率,导致失败。

(3) 粗产品呈碱性,温度稍高,易使产物变质,颜色变深。温的甲基橙受日光照射,亦会颜色变淡,通常在 55~78℃烘干。

六、思考题

(1) 本实验中重氮盐的制备为什么要控制在 0~5℃中进行? 偶合反应为什么要在弱酸介质中进行?

(2) 甲基橙在酸碱中介质中变色的原因,并用反应式表示之。

实验 59　从茶叶中提取咖啡因

一、实验目的

（1）了解从茶叶中提取咖啡因的原理和方法。

（2）掌握使用索氏提取器进行天然产物有效成分的提取。

（3）初步掌握利用升华提取固体化合物的操作技术。

二、基本原理

茶叶中含有多种生物碱，其中以咖啡碱（又称咖啡因）为主，约占 1％～5％。

含结晶水的咖啡因是无色针状结晶，味苦，能溶于水、乙醇、氯仿等。在 100℃ 即失去结晶水，并开始升华，120℃ 时升华相当显著，至 178℃ 时升华很快。无水咖啡因的熔点为 234.5℃。

咖啡因是嘌呤的衍生物，其结构式为：

嘌呤　　　　　　　　咖啡因

为了提取茶叶中的咖啡因，往往选用适当的溶剂（氯仿、乙醇、苯等），利用索氏提取器（溶剂的回流及虹吸作用的原理）连续萃取。然后蒸去溶剂，即得粗咖啡因。然后在碱性介质（CaO）中进行常压升华，可得到纯度较高的咖啡因。

三、仪器与试剂

仪器：索氏提取器，蒸发皿，玻璃漏斗，圆底烧瓶（150 mL），沸石，水浴锅，温度计（300℃），滤纸，刮刀，酒精灯。

试剂：茶叶末，生石灰粉，95％乙醇。

四、实验步骤

1. 提取

称取茶叶末 10 g，装入滤纸筒，上口用滤纸盖好，将滤纸筒放入索氏提取器中，在圆底烧瓶内加 95％乙醇 80 mL，放入沸石。用水浴加热使乙醇沸腾。乙醇蒸汽通过蒸汽上升管进入冷凝管，蒸汽被冷凝为液体滴入提取器中积聚起来，溶液流回烧瓶。经过多次虹吸，咖啡因被富集到烧瓶中。

回流约 2～3 h 后，当索式提取器内溶液的颜色变得很淡时，即可停止回流。待索氏提取器内的溶液刚刚虹吸下去时，立即停止加热。

2. 蒸馏

将仪器改成蒸馏装置,蒸馏回收抽提液中的大部分乙醇。

3. 中和,除水

将残留液倾入蒸发皿中,拌入 4 g 生石灰粉,搅成浆状。在蒸汽浴上蒸干,除去水分,使成粉末状,然后移至石棉网上用酒精灯小火加热,焙烧片刻,直至固体混合物变为疏松的粉末状,水分全部除去为止。冷却后,擦去沾在边上的粉末,以免升华时污染产品。

4. 升华

在装有粗咖啡因的蒸发皿上,放一张穿有许多小孔的圆滤纸,再把玻璃漏斗盖在上面,漏斗颈部塞一小团疏松的棉花。

在石棉网上或沙浴上小心地将蒸发皿加热,逐渐升高温度,使咖啡因升华(温度不能太高,否则滤纸会炭化变黑,一些有色物质也会被带出来,使产品不纯)。咖啡因通过滤纸孔,遇到漏斗内壁,重新冷凝为固体,附在漏斗内壁和滤纸上。当观察到纸上出现大量白色针状晶体时,停止加热。自然冷却到 100℃ 左右。揭开漏斗和滤纸,仔细地把附在纸上及漏斗内壁上的咖啡因用刮刀刮下。将蒸发皿中的残渣加以搅拌,重新放好滤纸和漏斗,用大火再加热片刻,使升华完全。此时火不能太大,否则蒸发皿内大量冒烟,产品既受污染,又遭损失。

合并两次升华所收集的咖啡因,称量,测熔点。

五、注意事项

(1) 索氏提取器是利用溶剂回流和虹吸原理,使固体物质连续不断地为纯溶剂所萃取的仪器。溶剂沸腾时,其蒸汽通过侧管上升,被冷凝管冷凝成液体,滴入套筒中,浸润固体物质,使之溶于溶剂中,当套筒内溶剂液面超过虹吸管的最高处时,即发生虹吸,流入烧瓶中。通过反复的回流和虹吸,从而将固体物质富集在烧瓶中。索氏提取器为配套仪器,其中任一部件损坏都会导致整套仪的报废,特别是虹吸管极易折断,所以在安装仪器和实验过程中必须特别小心。

(2) 用滤纸包茶叶末时要严实,防止茶叶末漏出堵塞虹吸管。滤纸包的大小要合适,既能紧贴套管内壁,又能方便取放,且其高度不能超出虹吸管高度。

(3) 回流提取时,应控制好回流速度,一般两小时内虹吸 8~10 次。

(4) 若套筒内萃取液的颜色浅,即可停止萃取。

(5) 浓缩萃取液时不可蒸得太干,以防转移损失,否则因残液很黏而难于转移,造成损失。

(6) 拌入生石灰要均匀,生石灰的作用除吸水外,还可中和、除去部分酸性杂质(如鞣酸)。

(7) 升华操作直接影响到产物的质量与产量。升华的关键是控制温度,温度过高,将导致被烘物冒烟炭化,或产物变黄,造成损失。

(8) 刮下咖啡因时要小心操作,防止混入杂质。

(9) 咖啡因的升华提纯也可采用减压升华装置。将粗咖啡因放入具支试管的底部,把装好的仪器放入油浴中,浸入的深度以直形冷凝管的底部与油表面在同一水平面为宜。冷凝管通入冷却水,开动流水泵进行抽气减压,并加热油浴至 180~190℃。咖啡因升华凝结在指形冷凝管上。升华完毕,小心取出冷凝管,将咖啡因刮到洁净的表面皿上。

六、思考题

(1) 索氏提取器萃取的原理是什么？它和一般的泡浸萃取比较有哪些优点？

(2) 从茶叶中提取出的粗咖啡因有绿色光泽，为什么？

(3) 加入氧化钙的作用是什么？

(4) 进行升华操作时应注意些什么？

实验 60　从绿色植物中提取植物色素

一、实验目的

(1) 熟悉从绿色植物中提取天然色素的原理和方法。

(2) 掌握分液漏斗的使用和萃取操作。

(3) 了解柱色谱分离的基本原理，掌握柱层析的操作技术。

二、基本原理

植物光合作用是自然界最重要的现象，它是人类所利用能量的主要来源。在把光能转化为化学能的光合作用的过程中，叶绿体色素起着重要的作用。植物体内的叶绿体色素有叶绿素和类胡萝卜素两类，主要包括叶绿素 a、叶绿素 b、β-胡萝卜素和叶黄素四种。

叶黄素因为分子中含有羟基，较易溶于醇，在石油醚中溶解度较小。叶绿素和胡萝卜素的分子中含有较大的烃基而易溶于醚和石油醚等非极性溶剂。本实验利用这一性质，用石油醚-乙醇混合溶剂作萃取剂，将绿色植物中的天然色素浸取出来，然后将浸取液用柱色谱法进行分离。

柱色谱法是分离、纯化和鉴定有机物的重要方法。它是根据混合物中各组分的分子结构和性质（极性）来选择合适的吸附剂和洗脱剂，从而利用吸附剂对各组分吸附能力的不同及各组分在洗脱剂中的溶解性能的不同而达到分离目的。

柱色谱法通常是在玻璃层析柱中装入表面积很大、经过活化的多孔性或粉末状固体吸附剂（常用的吸附剂有氧化铝、硅胶等）。当混合物溶液流过吸附柱时，各组分同时被吸附在柱的上端，然后从柱顶不断加入溶剂（洗脱剂）洗脱。

在植物色素中，胡萝卜素极性最小，当用石油醚-丙酮洗脱时，随溶剂流动较快，第一个被分离出来；叶黄素分子中含有两个羟基，增加洗脱中丙酮的比例，便随溶液流出；叶绿素分子中极性基团较多，可用正丁醇-乙醇-水混合溶剂将其洗脱。

三、仪器与试剂

仪器：研钵，布氏漏斗，圆底烧瓶（250 mL），直形冷凝管，层析柱，抽滤瓶，烧杯（200 mL），铁架台，石英砂，脱脂棉，分液漏斗，水浴锅，酸式滴定管。

试剂：正丁醇，绿色植物叶，苯，乙醇（95%），硅胶 G，氧化铝，石油醚（60～90℃），丙酮。

四、实验步骤

1. **色素的提取**

（1）萃取，分离。取 5 g 新鲜的绿色植物叶子在研钵中捣烂，用 20 mL（2∶1）的石油醚-乙醇浸取，减压过滤。滤渣放回研钵中，重新加入 10 mL（2∶1）石油醚-乙醇浸取，抽滤。再重复以上操作一次。

（2）洗涤。合并三次浸取液，滤液转移到分液漏斗中，加等体积的水洗涤一次，洗涤时要轻轻振荡，以防止乳化，弃去下层的水-乙醇层。石油醚层再用等体积的水洗涤两次，以除去乙醇和其他水溶性物质。

148

（3）干燥。有机相用无水硫酸钠干燥后转移到另一锥形瓶中保存，取一半作柱层析分离，其余作薄层分析。

2. **色素的分离**

（1）色谱柱的填充。将 20 g 氧化铝与 20 mL 石油醚搅拌成糊状，并将其慢慢加入预先加了一定石油醚的色谱柱中，同时打开活塞，让石油醚流入接收瓶中，不时地用带橡胶的玻璃棒敲打色谱柱，以稳定的速度装柱，使色谱柱装得均匀，装好的柱子不能有裂缝和气泡，并在上面放 0.5cm 厚的石英砂或小滤纸，并不断地用石油醚洗脱，以使色谱柱流实，然后放掉过剩的溶剂，直到溶剂面刚好到达石英砂或滤纸的顶部，关闭活塞。

（2）柱层析分离。将得到的萃取液中的一半用滴管加入柱顶，打开活塞，让溶剂滴下，待溶剂面刚好到达石英砂或滤纸的顶部时，再用滴管加入几毫升石油醚。然后用 9∶1 的石油醚-丙酮（约用 50 mL）脱洗，当第一个橙黄色带流出时，换一个接收瓶接收，得到橙黄色溶液，即胡萝卜素；换用 7∶3 的石油醚-丙酮（约用 20 mL）洗脱，当第二个棕黄色带流出时，换一个接收瓶，接收叶黄素；再换用 3∶1∶1 的正丁醇-乙醇-水洗脱（约用 30 mL），分别接收叶绿素 a（蓝绿色）和叶绿素 b（黄绿色）。

（3）薄层层析分析。在 10 cm×4 cm 的硅胶板上，分离后的胡萝卜素点样用 9∶1 的石油醚-丙酮展开，可出现 1～3 个黄色斑点。分离后的叶黄素点样，用 7∶3 的石油醚-丙酮展开，一般可呈现 1～4 个点，取 4 块板，一边点色素提取液点，另一边分别点柱层分离后的 4 个试液，用 8∶2 的苯-丙酮展开，或用石油醚展开，观察斑点的位置并排列出胡萝卜素、叶绿素和叶黄素的 R_f 值的大小。

五、注意事项

（1）叶绿体色素对光、温度、氧气环境，酸碱及其他氧化剂都非常敏感。色素的提取和分析一般都要在避光、低温及无酸碱等干扰的情况下进行。必要时应抽干充氮保存。

（2）乙醚使用前应重蒸除去过氧化物。

（3）菜叶应尽量研细。通过研磨，使溶液与色素充分接触，并将其浸取出来。

（4）叶黄素易溶于醇，在石油醚中的溶解度较小，所以在浸取液中含量较低，以致有时不易从柱分离出。

（5）应注意氧化铝在整个实验过程中始终保持在溶剂液面以下。

（6）层析柱装填紧密与否，对分离效果影响很大。若柱中留有气泡或各部分松紧不均匀

(更不能有断层)时,会影响渗透速度和显色的均匀。

六、思考题

(1) 试比较叶绿素、叶黄素和胡萝卜素三种色素的极性,为什么胡萝卜素在层析柱中移动最快?

(2) 绿色植物中主要含有哪些色素?

(3) 本实验中,一共排放了多少废水和废渣?有何治理方案?

附　　录

附录一　国际原子量表(1999 年)

原子序数	元素名称	元素符号	相对原子质量	原子序数	元素名称	元素符号	相对原子质量
1	氢	H	1.007 94(7)	26	铁	Fe	55.845(2)
2	氦	He	4.002 602(2)	27	钴	Co	58.933 200(9)
3	锂	Li	6.941(2)	28	镍	Ni	58.693 4(2)
4	铍	Be	9.012 182(3)	29	铜	Cu	63.546(3)
5	硼	B	10.811(7)	30	锌	Zn	65.39(2)
6	碳	C	12.010 7(8)	31	镓	Ga	69.723(1)
7	氮	N	14.006 74(7)	32	锗	Ge	72.61(2)
8	氧	O	15.999 4(3)	33	砷	As	74.921 60(2)
9	氟	F	18.998 403 2(5)	34	硒	Se	78.96(3)
10	氖	Ne	20.179 7(6)	35	溴	Br	79.904(1)
11	钠	Na	22.989 770(2)	36	氪	Kr	83.80(1)
12	镁	Mg	24.305 0(6)	37	铷	Rb	85.467 8(3)
13	铝	Al	26.981 538(2)	38	锶	Sr	87.62(1)
14	硅	Si	28.085 5(3)	39	钇	Y	88.905 85(2)
15	磷	P	30.973 761(2)	40	锆	Zr	91.224(2)
16	硫	S	32.066(6)	41	铌	Nb	92.906 38(2)
17	氯	Cl	35.452 7(9)	42	钼	Mo	95.94(1)
18	氩	Ar	39.948(1)	43	锝*	Tc	(98)
19	钾	K	39.098 3(1)	44	钌	Ru	101.07(2)
20	钙	Ca	40.078(4)	45	铑	Rh	102.905 50(2)
21	钪	Sc	44.955 910(8)	46	钯	Pd	106.42(1)
22	钛	Ti	47.867(1)	47	银	Ag	107.868 2(2)
23	钒	V	50.941 5(1)	48	镉	Cd	112.411(8)
24	铬	Cr	51.996 1(6)	49	铟	In	114.818(3)
25	锰	Mn	54.938 049(9)	50	锡	Sn	118.710(7)

原子序数	元素名称	元素符号	相对原子质量	原子序数	元素名称	元素符号	相对原子质量
51	锑	Sb	121.760(1)	82	铅	Pb	207.2(1)
52	碲	Te	127.60(3)	83	铋	Bi	208.980 38(2)
53	碘	I	126.904 47(3)	84	钋*	Po	(210)
54	氙	Xe	131.29(2)	85	砹*	At	(210)
55	铯	Cs	132.905 45(2)	86	氡*	Rn	(222)
56	钡	Ba	137.327(7)	87	钫*	Fr	(223)
57	镧	La	138.905 5(2)	88	镭*	Ra	(226)
58	铈	Ce	140.116(1)	89	锕*	Ac	(227)
59	镨	Pr	140.907 65(2)	90	钍*	Th	232.038 1(1)
60	钕	Nd	144.24(3)	91	镤*	Pa	231.035 88(2)
61	钷*	Pm	(145)	92	铀	U	238.028 9(1)
62	钐	Sm	150.36(3)	93	镎*	Np	(237)
63	铕	Eu	151.964(1)	94	钚*	Pu	(244)
64	钆	Gd	157.25(3)	95	镅*	Am	(243)
65	铽	Tb	158.925 34(2)	96	锔*	Cm	(247)
66	镝	Dy	162.50(3)	97	锫*	Bk	(247)
67	钬	Ho	164.930 32(2)	98	锎*	Cf	(251)
68	铒	Er	167.26(3)	99	锿*	Es	(252)
69	铥	Tm	168.934 21(2)	100	镄*	Fm	(257)
70	镱	Yb	173.04(3)	101	钔*	Md	(258)
71	镥	Lu	174.967(1)	102	锘*	No	(259)
72	铪	Hg	178.49(2)	103	铹*	Lr	(260)
73	钽	Ta	180.947 9(1)	104	*	Rf	(261)
74	钨	W	183.84(1)	105	*	Db	(262)
75	铼	Re	186.207(1)	106	*	Sg	(263)
76	锇	Os	190.23(3)	107	*	Bh	(264)
77	铱	Ir	192.217(3)	108	*	Hs	(265)
78	铂	Pt	195.078(2)	109	*	Mt	(268)
79	金	Au	196.966 55(2)	110	*		(269)
80	汞	Hg	200.59(2)	111	*		(272)
81	铊	Tl	204.383 3(2)	112	*		(277)

注：①本表相对原子质量引自 1999 年国际相对原子质量表。

②表中加 * 者为放射性元素。

③放射性元素相对原子质量加括号的为该元素半衰期最长的同位素的质量数。

附录二　常用法定计量单位

量的名称	量的符号	单位名称	单位符号	备　注
长度	$l,(L)$	米 海里* [市]尺** 费密** 埃**	m nmile Å	SI 基本单位 1 nmile=1 852 m 1[市]尺=1/3 m 1 费密=10^{-15} m 1Å=10^{-10} m
面积	$A,(S)$	平方米 靶恩**	m^2 b	SI 导出单位 1 b=10^{-28} m^2
体积	V	立方米 升*	m^3 L,(l)	SI 导出单位 1 L=1 dm^3=10^{-3} m^3
平面角	$\alpha,\beta,\gamma,$ θ,φ 等	弧度 [角]秒* [角]分* 度*	rad (″) (′) (°)	SI 辅助单位 1″=$(\pi/648\,000)$rad 1′=$(\pi/10\,800)$rad 1^0=$(\pi/180)$rad
质量 重量	m	千克(公斤) 吨* 原子质量单位* (米制)克拉** [市]斤*	kg t u 	SI 基本单位 1 t=10^3 kg 1 u≈1.66×10^{-27} kg 1[米制]克拉=2×10^{-4} kg 1[市]斤=0.5 kg
物质的量	n	摩[尔]	mol	SI 基本单位
密度	ρ	千克每立方米	kg/m^3	SI 导出单位
热力学温度	T	开[尔文]	K	SI 基本单位
摄氏温度	t,θ	摄氏度	℃	SI 导出单位
时间	t	秒 分* [小]时* 天,(日)*	S rain h d	SI 基本单位 1 min=60 s 1 h=3 600 s 1 d=86 400 s
频率	$f,(v)$	赫[兹]	Hz	SI 导出单位
压力 压强 应力	p	帕[斯卡] 巴** 标准大气压** 毫米汞柱** 千克力每平方厘米** 工程大气压** 毫米水柱**	Pa bar arm mmHg kgf/cm^2 at mmH_2O	SI 导出单位 1 bar=10^5 Pa 1 atm=101 325 Pa 1 mmHg=133.322 Pa 1 kge/cm^2=9.806 65$\times10^4$ Pa 1 at=9.806 65$\times10^4$ Pa 1 mmH_2O=9.806 375 Pa

[注]（1）本表选自 1984.2.27 国务院"关于在我国统一实行法定计量单位的命令"。表中量的名称是国家标准 GB 3102 规定的。

（2）＊为我国选定的非国际单位制的单位；＊＊为已习惯使用应废除的单位,其余为 SI 单位。

（3）量的符号一律为斜体,单位符号一律为正体。

附录三 常用有机溶剂在水中的溶解度

溶剂名称	温度/℃	在水中溶解度	溶剂名称	温度/℃	在水中溶解度
庚烷	15.5	0.005%	硝基苯	15	0.18%
二甲苯	20	0.011%	氯仿	20	0.81%
正己烷	15.5	0.014%	二氯乙烷	15	0.86%
甲苯	10	0.048%	正戊醇	20	2.6%
氯苯	30	0.049%	异戊醇	18	2.75%
四氯化碳	15	0.077%	正丁醇	20	7.81%
二硫化碳	15	0.12%	乙醚	15	7.83%
醋酸戊酯	20	0.17%	醋酸乙酯	15	8.30%
醋酸异戊酯	20	0.17%	异丁醇	20	8.50%
苯	20	0.175%			

附录四 常见的有机化合物的熔点

样品名称	熔点/℃	样品名称	熔点/℃
p-二氯苯	53.1	水杨酸	159
p-二硝基苯	174	苯甲酸	122.4
o-苯二酚	105	马尿酸	188~189
p-苯二酚	173~174	蒽	216.2~216.4
乙酰苯胺	114	萘	80.5

附录五 常用有机溶剂的沸点及相对密度

名称	bp/℃	d_4^{20}	名称	bp/℃	d_4^{20}
甲醇	64.9	0.791 4	苯	80.1	0.878 6
乙醇	78.5	0.789 3	甲苯	110.6	0.866 9
乙醚	34.5	0.713 7	二甲苯(o、m、p)	140.0	
丙酮	34.5	0.789 9	氯仿	61.7	1.483 2
乙酸	117.9	1.049 2	四氯化碳	76.5	1.594 0
乙酸酐	139.5	1.082 0	二硫化碳	46.2	1.263 240
乙酸乙酯	77.0	0.900 3	正丁醇	117.2	0.808 9
二氧六环	L01.7	1.033 7	硝基苯	210.8	1.203 7

附录六　常见二元共沸混合物

组分		共沸点 /℃	组分		共沸点 /℃
A(沸点)	B(沸点)		A(沸点)	B(沸点)	
水 (100℃)	苯(80.6℃)	69.3	乙醇 (78.3℃)	苯(80.6℃)	68.2
	甲苯(231.08℃)	84.1		氯仿(61℃)	59.4
	氯仿(61℃)	56.1		四氯化碳(76.8℃)	64.9
	乙醇(78.3℃)	78.2		乙酸乙酯(77.1℃)	72
	丁醇(117.8℃)	92.4	甲醇 (64.7℃)	四氯化碳(76.8℃)	55.7
	异丁醇(108℃)	90.0		苯(80.6℃)	58.3
	仲丁醇(99.5℃)	88.5	乙酸乙酯 (77.1℃)	四氯化碳(76.8℃)	74.8
	叔丁醇(82.8℃)	79.9		二硫化碳(46.3℃)	46.1
	烯丙醇(97.0℃)	88.2	丙酮 (56.5℃)	二硫化碳(46.3℃)	39.2
	苄醇(205.2℃)	99.9		氯仿(61℃)	65.5
	乙醚(34.6℃)	110		异丙醚(69℃)	54.2
	二氧六环(101.3℃)	87（最高）	己烷 (69℃)	苯(80.6℃)	68.8
	四氯化碳(76.8℃)	66		氯仿(61℃)	60.0
	丁醛(75.7℃) 甲酸(100.8℃)	91.4	环己烷 (80.8℃)	苯(80.6℃)	77.8
	乙酸乙酯(77.1℃)	107.3（最高）			

附录七　常用干燥剂的性能与应用范围

干燥剂	吸水作用	吸水容量	效能	干燥速度	应用范围
氯化钙	$CaCl_2 \cdot nH_2O$ $n=1,2,4,6$	0.97 按 $CaCl_2 \cdot 12H_2O$ 计	中等	较快,但吸水后表面为薄层液体所覆盖,故放置时间应长些为宜	能与醇、酚胺、酰胺及某些醛、酮形成配合物,因而不能用于干燥这些化合物。其工业品中可能含氢氧化钙和碱式氧化钙,故不能用于干燥酸类
硫酸镁	$MgSO_4 \cdot nH_2O$ $n=1,2,4,5,6,7$	1.05 按 $MgSO_4 \cdot nH_2O$ 计	较弱	较快	中性,应用范围广,可代替 $CaCl_2$,并可用于干燥酯、醛、酮、腈、酰胺等不能用 $CaCl_2$ 干燥的化合物

干燥剂	吸水作用	吸水容量	效能	干燥速度	应用范围
硫酸钠	$Na_2SO_4 \cdot 10H_2O$	1.25	弱	缓慢	中性，一般用于有机液体的初步干燥
硫酸钙	$2CaSO_4 \cdot H_2O$	0.06	强	快	中性，常与硫酸镁（钠）配合，作最后干燥之用
碳酸钾	$K_2CO_3 \cdot \frac{1}{2}H_2O$	0.2	较弱	慢	弱碱性，用于干燥醇、酮、醋、胺及杂环等碱性化合物；不适于酸、酚及其他酸性化合物的干燥
氢氧化钾/钠	溶于水	—	中等	快	强碱性，用于干燥胺、杂环等碱性化合物； 不能用于干燥醇、醛、酮、酸、酚等
金属钠	$Na + H_2O \longrightarrow$ $NaOH + \frac{1}{2}H_2O$	—	强	快	限于干燥醚、烃类中的痕量水分。用时切成小块或压成钠丝
氧化钙	$CaO + H_2O \longrightarrow$ $Ca(OH)_2$	—	强	较快	适于干燥低级醇类
五氧化二磷	$P_2O_5 + 3H_2O$ $\longrightarrow 2H_3PO_4$	—	强	快，但吸水后表面为黏浆液覆盖，操作不便	适于干燥醚、烃、卤代烃、腈等化合物中的痕量水分；不适用于干燥醇、酸、胺、酮等
分子筛	物理吸附	约0.25	强	快	适用于各类有机化合物干燥

附录八　关于有毒化学药品的知识

1. 高毒性固体

很少量就能使人迅速中毒甚至致死。

名　称	TLV(mg/m³)	名　称	TLV(mg/m³)
三氧化锇	0.002	砷化合物	0.5（按 As 计）
汞化合物（特别是烷基汞）	0.01	五氧化二钒	0.5
铊盐	0.1（按 Tl 计）	草酸和草酸盐	1
硒和硒化合物	0.2（se 计）	无机氰化物	5（按 CN 计）

2. 毒性危险气体

名　称	TLV(μg/g)	名　称	TLV(μg/g)
氟	0.1	氟化氢	3
光气	0.1	二氧化氮	5
臭氧	0.1	硝酰氯	5
重氮甲烷	0.2	氰	10
磷化氢	0.3	氰化氢	10
三氟化硼	1	硫化氢	10
氯	1	一氧化碳	50

3. 毒性危险液体和刺激性物质

长期少量接触可能引起慢性中毒,其中许多物质的蒸汽对眼睛和呼吸道有强刺激性。

名　称	TLV(μg/g)	名　称	TLV(μg/g)
羰基镍	0.001	硫酸二甲酯	1
异氰酸甲酯	0.02	硫酸二乙脂	1
丙烯醛	0.1	四溴乙烷	1
溴	0.1	烯丙醇	2
3-氯丙烯	1	2-丁烯醛	2
苯氯甲烷	1	氢氟酸	3
苯溴甲烷	1	四氯乙烷	5
三氯化硼	1	苯	10
三溴化硼	1	溴甲烷	15
2-氯乙醇	1	二硫化碳	20

4. 其他有害物质

(1) 许多溴代烷和氯代烷,以及甲烷和乙烷的多卤衍生物,特别是下列化合物:

名　称	TLV(μg/g)	名　称	TLV(μg/g)
溴仿	0.5	1,2-二溴乙烷	20
碘甲烷	5	1,2-二氯乙烷	50
四氯化碳	10	溴乙烷	200
氯仿	10	二氯甲烷	200

(2) 芳胺和脂肪族胺类的低级脂肪族胺的蒸气有毒。全部芳胺,包括它们的烷氧基、卤素、硝基取代物都有毒性。下面是一些代表性例子:

名　称	TLV	名　称	TLV(μg/g)
对苯二胺(及其异构体)	0.1 mg/m³	苯胺	5

名　　称	TLV	名　　称	TLV(μg/g)
甲氧基苯胺	0.5 mg/m³	邻甲苯胺（及其异构体）	5
对硝基苯胺（及其异构体）	1μg/g	二甲胺	10
N-甲基苯胺	2 μg/g	乙胺	10
N,N-二甲基苯胺	5 μg/g	三乙胺	25

（3）酚和芳香族硝基化合物。

名　　称	TLV(mg/m³)	名　　称	TLV(μg/g)
苦味酸	0.1	硝基苯	1
二硝基苯酚,二硝基甲苯酚	0.2	苯酚	5
对硝基氯苯（及其异构体）	1	甲苯酚	5
间二硝基苯	1		

5. 致癌物质

下面列举一些已知的危险致癌物质。

（1）芳胺及其衍生物：联苯胺（及某些衍生物）、β-萘胺、二甲氨基偶氯苯、α-萘胺。

（2）N-亚硝基化合物：N-甲基-N-亚硝基苯胺、N-亚硝基二甲胺、N-甲基-N-亚硝基脲、N-亚硝基氢化吡啶。

（3）烷基化剂：双（氯甲基）醚、硫酸二甲脂、氯甲基甲醚、碘甲烷、重氮甲烷、β-羟基丙酸内酯。

（4）稠环芳烃：苯并[a]芘、二苯并[c,g]咔唑、二苯并[a,h]蒽、7,12-二甲基苯并[a]蒽。

（5）含硫化合物：硫代乙酸胺（thioacetamide）、硫脲。

（6）石棉粉尘。

6. 具有长期积累效应的毒物

这些物质进入人体不易排出,在人体内累积,引起慢性中毒。这类物质主要有：

（1）苯。

（2）铅化合物,特别是有机铅化合物。

（3）汞和汞化合物,特别是二价汞盐和液态的有机汞化合物。

在使用以上各类有毒化学药品时,都应采取妥善的防护措施。避免吸入其蒸汽和粉尘,不要使它们接触皮肤。有毒气体和挥发性的有毒液体必须在效率良好的通风橱中操作。汞的表面应该用水掩盖,不可直接暴露在空气中。装盛汞的仪器应放在一个搪瓷盘上以防溅出的汞流失。溅洒汞的地方迅速撒上硫磺石灰糊。

附录九　水蒸气压力表

t/℃	p/mmHg	t/℃	p/mmHg	t/℃	p/mmHg	t/℃	p/mmHg
0	4.579	15	12.788	30	31.824	85	433.600
1	4.926	16	13.634	31	33.695	90	525.760
2	5.294	17	14.530	32	35.663	91	546.050
3	5.685	18	15.477	33	37.729	92	566.990
4	6.101	19	16.477	34	39.898	93	588.600
5	6.543	20	17.535	35	42.175	94	610.900
6	7.013	21	18.650	40	55.324	95	633.900
7	7.513	22	19.827	45	71.880	96	657.620
8	8.045	23	21.068	50	92.510	97	682.070
9	8.609	24	22.377	55	118.040	98	707.270
10	9.209	25	23.756	60	149.380	99	733.240
11	9.844	26	25.209	65	187.540	100	760.000
12	10.518	27	26.739	70	283.700		
13	11.231	28	28.349	75	289.100		
14	11.987	29	30.043	80	355.100		

［注］表中数据温度范围 0~100℃，1 mmHg＝(1/760)atm＝133.322 Pa。